여름엔 북극에 갑니다

여름엔

북극에

갑니다

어느
생태학자의
북극 일기

이원영

글항아리

"내년 여름엔 고생대 화석을 찾아 북극에 갑니다. 위도 82도가 넘는 그린란드 북쪽, 북극점에서 얼마 떨어지지 않은 곳이죠. 이제껏 원주민도 거주한 적 없는 진짜 야생입니다. 한국 사람 중엔 처음으로 가는 거예요!"

2015년 어느 날, 내가 몸담고 있는 극지연구소의 한 동료가 귀띔했다. 남극 세종기지에서 2년째 펭귄을 쫓아다니던 나는 귀가 쫑긋해졌다. 북극에 간다고? 매년 남극에 가고 있지만 가슴 한편엔 늘 북극에 가보고 싶다는 생각을 품고 지냈다. 언젠가 본 다큐멘터리에서 꽁꽁 언 동토의 벌판 위에 눈을 맞으며 홀로 서 있는 사향소의 모습을 본 이후, 나는 줄곧 북극 동물에 대한 경외심을 느껴왔다. 그러던 차에 동료의 이야기를 듣고 나니 사향소의 얼굴이 계속 아른거렸다. "제가 고생대 화석은 잘 모르지만 북극에 사는 동물을 꼭 한번 연구해보고 싶었거든요. 북극에 갈 때 저도 좀 끼워주실 수 있을까요?" 흔쾌히 허락은 받았지만 문제는 출장비였다. 때마침 신입 연구원을 대상으로 새로운 과제 공모가 있었고, 이번이 기회다 싶어 북극의 동물을 주제로 준비를 시작했다.

펭귄 연구를 마치고 한국으로 돌아오자마자 북극의 동물과 환경에 대해 조사하고 논문과 책을 찾아 읽었다. 처음엔 개인적인 호기심으로 시작했지만, 그런 이유로 연구비를 받을 수는 없는 일이다. 북극 동물들에 대한 선행 연구가 그간 제대로 이뤄지지 않았다는 점을 강조하고, 극한 환경에서 동물들이 어떻게 살아가는지에 대한 연구 계획을 짜며 큰 그림을 그려나갔다. 그러던 중 교통사고로 몸을 크게 다쳐 병원 신세를 지게 됐다. 응급차에 실려가 입원실 침대에 누워 있는 동안 북극에 가지 못하면 어쩌나 걱정이 됐다. '혹여나 몸이 낫지 않아 북극에 못 가게 되면 어쩌지.' 이번이 처음이자 마지막 기회인 것만 같았고, 꼭 그곳에 가야만 할 것 같은 기분에 사로잡혔다.

그리고 2016년 여름, 나는 그곳에 있었다. 운 좋게 2017년 여름에도 또 한 번 그곳을 찾았다. 그린란드 북쪽, 북극해와 닿아 있는 북위 82도 난센란이 내가 머문 곳이다. 많은 사람이 온통 흰 눈으로 뒤덮인 풍경을 상상하지만, 북극에도 여름이 있다. 북극의 여름엔 낮 기온이 10도까지 오르고 하루 종일 태양이 떠 있다. 그런 북극의 여름을 기다린 게 나뿐만은 아니었다. 각종 현화식물과 지의류, 선태류가 동토의 표면을 가득 채웠고, 나비와 벌이 꽃을 찾아 날았다. 추운 바람을 피해 바닥을 따라 기어 자라는 북극버들 사이로 땅에 구멍을 파고 레밍들이 재빨리 움직였다. 북극여우와 긴꼬리도둑갈매기는 육지와 하늘에서 레밍을 찾아 떠돌았고, 북극토끼는 범의귀 풀을 뜯으며 통통하게 살이 올랐다. 두툼하고 치렁치렁한 털로 온몸을 무장한 사향소들은 무리 내에서 새끼를 데리고 다니며 물과 풀을 찾아 부지런히 걸었다.

　그곳에서 오랫동안 쓰지 않던 일기를 다시 적기 시작했다. 누가 시킨 것도 아닌데 잠들기 전이면 텐트에 누워 무언가를 계속 써댔다. 야외 조사를 하다가도 쉴 때면 바위에 걸터앉아 노트에 뭔가를 끼적이고, 자고 일어나서도 생각나는 게 있으면 더듬더듬 펜을 찾아 기록을 남기고, 동물들의 모습을 그렸다. 반드시 뭔가 써서 남겨야겠다는 생각은 아니었다. 단지 그냥 그래야만 할 것 같았다.

북그린란드로 가는 여정 스발바르 제도 롱이어비옌을 통과해 들어가서 캠프를 차리고 북극 동식물을 관찰했다.

1차 경로
2차 경로

난센란

스발바르
롱이어비옌

그린란드해

베링해

바렌츠해

카라해

러시아

카자흐스탄

중국

몽골

인천

헬싱키
핀란드
스웨덴
오슬로
노르웨이
암스테르담

아이슬란드

1부
처음 만나는 북극

2부

다시, 익숙하고 낯선 땅

등장 인물

우주선

퇴적층의 퇴적상과 환경을
연구하는 지질학자.

이원영

동물의 행동을
관찰하는 생태학자.

박태윤

고생대 화석 속 생물의
진화를 연구하는 고생물학자.

아르네Arne Nielsen

고생대 삼엽충과
지층을 조사하는
고생물학자.

야코브Jakob Vinther

공룡의 깃털 색과
고생물의 진화를 연구하는
고생물학자.

김지훈

태윤과 함께 고생대 화석 및
완보동물을 연구하는
박사과정 연구원생.

북극여우
Arctic fox

레밍을 잡아먹거나 해안가 조류 번식지에서
다른 동물들의 알과 새끼를 노린다. 여름엔
갈색, 겨울엔 흰색으로 털색을 바꾼다.

북극토끼
Arctic hare

아메리카, 그린란드 북극 및 산악지대에 살며
무리 지어 생활한다. 씨눈바위취와 다발범의
귀 같은 식물을 주로 먹는다.

북극흰갈매기
Ivory gull

고위도 북극에서만 관찰되는 희귀한 조류다. 주로 물고기나 갑각류를
먹지만 때에 따라 동물의 사체를 먹기도 한다. 최근 개체수가 많이 감소
했으며, 캐나다에선 멸종위기보호종으로 지정되었다.

긴꼬리도둑갈매기
Long-tailed skua

북극에서 번식해 아프리카, 아메리카 대륙으로
이동한다. 똑똑한 편이어서 자기 둥지 근처에
왔던 사람을 구분하기도 한다.

붉은가슴도요
Red knot

가슴에서 머리로 이어지는 배면이 붉은색이다.
새끼 새는 털을 주변 환경과 비슷하게 위장해
알아보기 어렵다. 북극에서 번식을 하고 남반
구로 이동해 겨울을 난다.

흰죽지꼬마물떼새
Common ringed plover

꼬마물떼새와 달리 눈에 노란색 테가 없고 몸
집이 더 큰 편이며, 오렌지빛의 발이 눈에 잘
띈다. 침입자가 나타나면 어미 새는 일부러
새끼로부터 멀리 떨어진 곳으로 날아가 침입
자의 주의를 끈다.

사향소
Muskox

빙하기에 베링해협을 건너 북극에 적응한 대
형 초식동물. 두터운 털이 온몸을 덮고 있으
며 머리엔 뿔이 솟아 있다.

꼬까도요
Ruddy turnstone

돌을 뒤집어 돌 밑에 있는 곤충을 잡아먹는 습성이 있어 '턴스톤turnstone(돌을 뒤집다)'이란 이름이 붙었다. 봄철 눈이 적고 먹이가 풍부할수록 알을 빨리 낳는다.

세가락도요
Sanderling

발가락이 세 개다. 보통은 일부일처제이지만, 일부다처제 혹은 일처다부제를 보이기도 한다. 새끼 새는 털을 주변 환경과 비슷하게 위장해 알아보기 어렵다.

회색늑대
Grey wolf

유럽, 아시아, 북미 대륙에 걸쳐 서식한다. 그린란드에 사는 회색늑대는 털색이 하얗다. 사향소나 북극토끼를 주로 잡아먹는다. 최근 개체수가 줄어서 관찰되는 수가 극히 적다.

분홍발기러기
Pink-footed goose

북그린란드 해빙 위에서 깃갈이를 한다. 무리지어 다니면서 바닷가나 습지에서 조류나 풀을 먹는다.

1부

처음
만나는
북극

암스테르담으로 향하는 비행기

비행기 안, 아기 울음소리가 몇 시간째 계속되고 있다. 엄마는 아기를 안고 어르며 일어났다 앉았다를 반복하면서 좁은 비행기 복도를 오간다. 그래도 아기는 쉽게 울음을 멈추지 않는다. 아기에게는 비행기의 낮은 압력, 차가운 공기, 많은 사람이 낯설게 느껴질 법도 하다. 말을 하지 못하는 아기는 울음을 통해 의사를 표현한다. 자기가 얼마나 불편한지 알릴 수 있는 유일한 방법이다. 내 옆자리의 한 남자는 울음소리에 짜증이 났는지 연신 한숨을 쉬며 눈을 감은 채 얼굴을 잔뜩 찌푸리고 있다. 누구라도 잠을 청하기는 힘든 상황이다. 조용히 가방에서 책을 꺼낸다. 북극에 사는 동물들이 담긴 야생도감이다.

아기 울음소리는 여전하다. 문득 매미 울음소리가 떠오른다. 북극에도 매미가 있을까? 도감엔 나오지 않는다. 북극엔 키 큰 나무가 없으니 아마 매미도 없을 테지.

매미의 울음소리를 쫓던 시절이 있었다. 내가 다니던 초등학교 주변엔 작은 숲이 있어서 하굣길엔 숲 가운데를 가로질러 집으로 향하곤 했다. 여름이 되어 매미가 시끄럽게 울기 시작하면 잠자리채를 들고 숲을 헤집고 돌아다녔다. 투명한 날개엔 거미줄처럼 검은 무늬가 뻗어 있고, 등에는 희고 엷은 녹색의 무늬가 무질서하게 퍼져 있었다. 울음소리를 낼 땐 리듬에 맞춰 배를 앞뒤로 움직였다. 이때 나는 경험적으로 매미를 잡으려면 울음소리가 멈추기 전에 다가가 재빨리 낚아채야 한다는 걸 알았다. 울음소리가 멈췄다는 건 매미가 내 존재를 알아차렸다는 뜻이다. 집게손가락과 엄지손가락으로 매미를 잡아 들면 구슬 같은 눈이 머리 양쪽에서 빛났고 딱딱한 몸통 껍질은 방패처럼 굳건했다. 몸통에 연결된 셀로판지 같은 날개로 힘차게 날갯짓하는 모습을 보고 있노라면 짜릿한 기분에 사로잡혔다. '역시 이 맛에 매미를 잡는 거지.'

매년 7월 셋째 주 여름방학이 시작될 즈음이면 나는 방학식만큼이나 매미 울음소리를 기다렸다. 그러던 어느 날 우연히 매미에 관한 책을 접했는데, 내가 알던 매미는 그냥 매미가 아닌 '참매미'였다. 우리나라엔 참매미 말고도 매미가 10종이나 더 있었다. '유지매미'라고 소개된 사진 속 곤충은 내가 알던 매미와는 날개 색부터 달랐다. 짙은 갈색 날개에 울음소리가 기름 끓는 소리를 낸다고 적혀 있었다. 학교 앞 작은 숲에 살던 매미의 생태는 책 속 한 페이지 분량에 불과했다. 심지어 전 세계엔 내가 알지 못하는 3200여 종의 매미가 있었다. 그중에서 나는 우리나라에 사는 매미 한 종만을 알 뿐이었다.

그때부터 나는 책 속의 다른 매미들을 찾아다니기 시작했다. 버스를 타고, 지하철을 타고…… 동네를 벗어났다. 그리고 드디어 도봉산에서 유지매미를 만났다. 유지매미는 '찌르르르찍' 하는 독특한 소리로 울었다. 내 발로 찾아가 내 눈으로 직접 유지매미를 봤다는 사실에 감격했다. 다음엔 잠실에서 교통 소음과 싸우듯 시끄럽게 울어대는 커다란 말매미를 봤다. 그리고 흔치 않다는 털매미를 보러 남양주까지 다녀왔다. 그해 여름이 지나고 매미 울음소리가 더 이상 들리지 않게 되었을 때, 내 키는 한 뼘쯤 자라 있었다.

공룡의 울음소리를 상상하던 때가 있었다. 쥘 베른의 소설 『지구 속 여행』의 주인공 리덴브로크 교수는 아이슬란드 화산의 분화구로 들어가 지구 내부의 깊은 곳에서 멸종됐다고 여겨졌던 고대 공룡들을 만난다. 지금의 과학적 상식으로는 뭐라 말하기 힘든 허구의 여행 이야기지만, 책을 읽으며 내 머릿속에서는 근거 없는 상상이 커져갔다. '공룡이 화석으로만 남은 건 아닐 거야. 바다 깊은 곳 어디엔가 바다 공룡이 살고 있을지도 몰라.' 나는 지구 속을 여행하며 사라진 공룡과 시조새를 만나는 꿈을 꾸었다.

내 관심은 점차 현실적인 곳을 향했다. 집 마당에서 뛰어놀던 강아지 키키는 평소 어떤 생각을 하고 사는지 이야기를 나눠보고 싶었다. 동물과 대화를 할 수만 있다면 세상이 획기적으로 바뀔 거라고 믿었다. 꿀벌의 언어를 밝힌 카를 폰 프리시처럼 다른 동물들의 의사소통 수단을 알아낸다면 우리가 그들에게 말을 걸 수도 있지 않을까? 나는 키키와 대화를 하기 위해 멍멍 짖어보기도 했지만 허사로 끝났다. 시간이 지나면서 동물과 대화를 하겠다는 생각은 접었지만, 동물에 대한 관심만은 여전했다.

대학에 들어가 다른 친구들이 유럽으로 배낭여행을 떠날 때, 나는 혼자 케냐로 떠났다. 마사이마라 초원 한가운데서 야영을 할 때, 한밤중에 떼지어 다니며 늑대처럼 울어대는 하이에나 소리에 잠을 이루지 못했던 기억이 생생하다.

나는 진로에 대해 크게 고민해본 적이 없었다. 어쩌면 매미를 찾으러 돌아다녔을 때 이미 결정되었는지도 모른다. 대학을 마친 뒤엔 자연스레 동물의 행동과 생태를 공부할 수 있는 실험실을 찾아 대학원에 진학했다. 박사과정에서는 까치가 새끼를 어떻게 키우는지에 대해 공부했다. 까치를 따라다니면서 둥지에 올라가 카메라를 달고 부모가 어떤 새끼에게 먹이를 주는

지 기록했다. 지도교수를 따라 미국에서 멕시코어치의 행동을 관찰하고, 폴란드의 마구간을 돌아다니며 제비 둥지를 기웃거렸다.

그리고 지금은 5000쌍의 펭귄이 시끄럽게 울어대는 남극에서 그들의 행동을 들여다보고 있다. 세종과학기지로부터 걸어서 30여 분 떨어진 곳엔 일명 '펭귄 마을'이라 불리는 조류 번식지가 있다. 젠투펭귄과 턱끈펭귄의 둥지가 모여 있는 곳이다. 한국의 겨울인 12월부터 이듬해 2월까지가 남극에서는 여름이다. 이때가 되면 남극도 많이 따뜻해져서 기온이 영상을 웃돈다. 추위를 피해 남극을 떠나 있던 많은 바닷새가 여름이면 돌아와 부지런히 새끼를 키운다.

나는 펭귄의 바닷속 생활이 궁금했다. 펭귄은 날개가 있는 조류임에도 불구하고 바닷속에서 사냥을 하는 잠수 동물이다. 펭귄 몸에 작은 위치추적장치와 비디오카메라를 달았다. 몸 크기가 60센티미터에 불과한 펭귄이 한번 바다로 나가면 10시간 만에 돌아왔다. 아무리 멀리 가도 10킬로미터 이상은 힘들 거라 생각했는데, 추적장치에 찍힌 위치를 확인해보니 최대 40킬로미터나 떨어진 먼바다까지 헤엄쳤고, 최대 182미터 깊이까지 잠수했다. 카메라에는 남극크릴, 물고기, 오징어를 잡아먹는 모습이 담겨 있었다. 펭귄들은 새끼를 먹이려고 매일 바다로 헤엄쳐 나가 자기 몸무게의 3분의 1가량을 삼켜 배 속에 담아왔다.

'으에에엥, 으에에엥.' 펭귄들은 주로 울음소리로 의사소통을 한다. 목소리를 듣고 자기 짝과 새끼를 구분한다. 펭귄 번식지는 여기저기서 들리는 울음소리로 가득하다. '끼악, 끼악.' 한쪽에선 펭귄의 알과 새끼를 노리는 도둑갈매기들의 소리도 들을 수 있다. 도둑갈매기가 나타나면 펭귄들은 '키이익' '캬르릉' 하고 낯선 경계음을 내며 방어한다. 나는 매일 펭귄과 도둑갈매기가 있는 해안가로 나가 그들을 관찰하고 기록했다.

그런데 이번엔 북극이다. 지금 꺼내 든 북극 야생도감을 열 번도 넘게 읽었지만 여전히 새롭다. 인상적인 부분에 밑줄을 긋고, 동물들의 특징을 입으로 다시 읽어 내려간다. 도감에 실린 사진 속에서 사향소는 풀을 뜯고, 북극곰은 얼음 위에서 물범을 사냥한다. 그러나 어딘가 모르게 현실감이 떨어진다. 책 속의 사진과 설명을 아무리 들여다봐도 북극 동물이 살아가는 모습이 잘 그려지지 않는다. 아직 내가 있는 세계는 좁은 비행기 안에 200명의 사람이 붙어 앉아 있고, 아기 울음소리가 쩌렁거리는 곳이다.

여섯 명의 과학자

암스테르담을 거쳐 오슬로 공항에 도착했다. 근처 숙소에서 하루를 묵고 내일 다시 출발한다. 아직 네 번의 비행이 더 남아 있다. 최종 목적지인 북그린란드 난센란까지 일정에 차질이 없다면 4일 정도 걸릴 것이고, 도중에 비행에 문제가 생긴다면 얼마나 더 걸릴지는 장담할 수 없다고 한다.

사실 이번 북극 탐사의 주요 목적은 동물이 아닌 화석을 찾는 일이다. 나를 제외하면 여섯 명의 탐사대원 모두 지질학자다. 그린란드 북쪽 해안은 고생대 화석이 쏟아지는 곳이라고 한다. 고생물학자 태윤이 탐사를 처음 계획했고, 오랜 기간 함께 연구해온 지훈과 지질학자인 주선이 참여했다. 여기에 덴마크

인인 야코브와 아르네가 합류했다. 태윤과의 인연으로 함께하게 된 세계적인 화석 연구자들이다. 야코브는 영국 브리스틀대에서 공룡의 깃털 색을 연구한다. 악수를 해보니 손이 큼직하다. 고개를 들어 올려다봐야 할 만큼 키가 크고 배도 나왔다. 노란색 머리카락에 수염도 덥수룩한 게 바이킹을 연상시킨다. 최근 교수가 되면서 학교 일로 바쁜 모양인지, 이동하는 공항에서도 안경을 끼고 노트북으로 뭔가 끊임없이 작업을 한다. 아르네는 코펜하겐대에서 삼엽충을 연구하는 교수다. 야코브보다는 키가 작고 머리가 희끗희끗하다. 정확한 나이는 물어보지 않았지만 적어도 예순은 넘긴 듯 보인다. 아르네는 이번 탐사 허가와 관련된 일을 도맡았다.

우리가 가는 곳은 세계 최대의 국립공원인 북동그린란드국립공원Northeast Greenland National Park 안에 있는 지역이다. 한반도 면적의 네 배가 넘는 규모도 엄청나지만, 극지의 생태가 고스란히 보존된 지구상 몇 안 되는 곳 가운데 하나다. 그래서 국립공원에 들어가기 위한 허가를 받는 과정이 까다롭고 복잡하기로 유명하다. 적잖이 신경 쓰이는 일이었을 텐데도 아르네는 군소리 없이 일을 잘 처리해주었다. 야코브와 아르네는 5년 전 북극에 함께 다녀온 경험이 있는 가까운 사이고, 주선, 태윤, 지훈 역시 3년 동안 남극에서 함께 지질 조사를 해왔다고 한다. 지질학자들 틈에 혼자 끼어 있자니 아직 좀 서먹하지만, 화석도 따지고 보면 과거에 살던 생물을 연구하는 일이다 보니 말이 잘 통한다.

연구자들끼리 처음 만나면 보통 "무슨 연구를 하세요?"라는 질문으로 대화를 시작한다. 꼭 자기와 같은 분야가 아니라 하더라도, 연구자들은 서로 이것저것 물어보며 상대가 무엇을 공부하는지에 관심이 많다. 본능적인 습성인 셈인데, 이런 과정에서 좋은 아이디어가 떠오르거나, 생각을 발전시킬 실마리를 얻을 때도 많다.

야코브와도 무슨 연구를 하는지 묻고는 새의 깃털에 관한 이야기를 이어가다가, 우리가 매슈 쇼키 교수를 같이 알고 있다는 걸 알게 됐다. 나와 매슈는 2012년 행동생태학회 때 스웨덴에서 처음 만났다. 그곳에서 나는 까치의 포란행동과 알 표면 미생물에 대해 발표했고, 매슈의 연구 분야도 조류의 알 표면 미생물과 관련이 있었다. 당시 나는 대학원생이었고, 매슈는 미국의 대학 교수였다. 당연하게도 질문하는 쪽은 나였고, 친절히 대답을 해주는 쪽은 매슈였다. 매슈는 2014년 세계조류학회 때 깃털 색 진화에 대해 발표했는데, 유명 학술지에 그 결과가 실리면서 많은 연구자가 발표장을 가득 채웠다. (물론 나중에 알게 된 사실이지만 야코브가 그 발표의 공동 연구자였다.) 야코브와 매슈는 공룡 화석에 남아 있는 깃털의 구조를 분석해 오렌지색 머리 깃과 흰색 날갯깃의 색을 복원했다.

깃털이 달린 공룡 화석은 1990년대 중국에서 발견되기 시작했다. 공룡 깃털에 대한 기존 학설은 시조새와 같이 비행을 위해 진화되었다는 것이었다. 하지만 최근의 연구 결과들은 깃털이 반드시 비행과 관련되진 않았다는 사실을 보여준다. 야코브와 매슈의 연구가 보여주듯 공룡이 화려한 깃털 색을 가지고 있었다는 것은 암컷에게 선택받기 위한 수컷의 구애행동과 과시에 있어 깃털이 중요했다는 증거가 된다. 화려한 공룡의 깃털은 비행을 위한 적응의 결과라기보다는, 공작새의 깃털처럼 짝에게 선택받기 위해 필요한 성선택Sexual selection의 산물에 가까울지도 모른다.

저녁 식사를 하면서 내가 재밌게 읽었던 공룡 깃털 색에 대한 논문 얘길 꺼냈더니 야코브가 반가워한다. "읽어봤구나! 그거 내가 쓴 논문이야. 중국에서 발견된 화석을 분석해봤더니 머리와 뺨엔 오렌지색 깃털, 날개와 다리엔 희고 검은 깃털이 덮여 있더라고. 영화 「쥬라기 공원」의 공룡 묘사에는 틀린 점이 많아. 깃털 달린 공룡들을 등장시켜서 영화를 다시 만들어야 한다고." 나는 스티븐 스필버그가 이 얘길 들어야 한다며 맞장구를 쳤다.

스발바르 롱이어비엔

계획대로라면 벌써 스발바르에서 경비행기를 타고 그린란드 동북 해안에 있는 노르 기지에 있어야 했다. 그런데 비행기를 운전하기로 했던 조종사의 건강 문제로 조종사가 교체되면서 비행이 지연됐다. 예상치 못한 일이지만, 조종사가 아픈데 억지로 비행기를 띄울 수는 없는 노릇이다. 덕분에 우리는 예정에 없던 스발바르 관광을 하게 되었다.

여러 섬으로 이뤄진 스발바르 제도에서 공항이 있는 중심지가 롱이어비엔이다. 인구가 2000명 남짓인 작은 마을이라 하루 정도면 걸어서 돌아볼 수 있다. 자연과 어우러져 예쁘게 꾸며진 집들이 인상적이었는데, 지나는 사람들을 보니 어깨에 긴 총을

스발바르 롱이어비엔 마을.

메고 있다.

길 곳곳엔 북극곰 표지판이 있다. 북극곰은 본래 원주민들에게 숭배의 대상이자 종교의 상징이었다. 그린란드 원주민들은 북극곰을 거대한 방랑자라는 뜻으로 '피숙투우크'라 불렀다. 몸길이 2.5미터에 몸무게는 최대 800킬로그램에 달하는 육중한 몸집의 북극곰이, 바다 위 얼음이 녹고 어는 주기에 따라 거의 1000킬로미터까지 이동하는 모습을 보고 붙인 이름이다. 배리 로페즈의 책 『북극을 꿈꾸다Artic Dreams』에는 이누이트 원주민 문화에서 하늘을 나는 북극곰으로 등장하는 '토르나르수크'가 소개된다. 비록 하늘을 날지는 못하지만, 상상의 동물 토르나르수크는 원주민들에게 있어 샤먼의 영혼을 인도하는 역할을 했다.

원주민들에게 거대한 방랑자이자 샤먼의 인도자였던 북극곰은 이제 북극에서 공포의 대상이 되었다. 인구가 늘고 더 많은 사람이 북쪽 북극곰 서식지까지 올라와 거주하면서, 북극곰은 인간을 해칠 수 있는 거대한 육식동물로 인식되고 있다. 북극곰은 북극권 바다와 육지에 넓게 분포한다. 봄과 초여름엔 해빙의 틈으로 숨을 쉬러 나오는 물범을 잡아먹고, 여름이 되어 바다가 녹을 때쯤이면 뭍으로 올라온다. 7월 무렵이 해빙이 많이 녹는 시기인 점을 감안하면, 지금이 스발바르에서 북극곰을 만날 확률이 가장 높은 때다.

북극곰이 인간을 반드시 먹이로 인식하고 공격하는지는 불분명하지만, 대개 인간을 만나고 그냥 지나치지는 않는다. 한 주민에게 물어보니 5년 전에도 북극곰이 사람을 해치는 사고가 일어났다면서, 마을을 벗어나 산으로 트래킹을 하려면 꼭 총을 가지고 가야 한다고 진지한 표정으로 말한다. 곰에게 공격당하게 될 때를 대비해 실탄이 든 총이 필요하기도 하지만, 먼 거리에서 곰이 나타났을 때 경고음을 낼 총이 필요하다는 것이다. 우리도 북극 탐사를 시작하면 사고에 대비해 무장을 해야 한다. 동료들한테는 말하지 않았지만, 한편으로는 멀리서나마 곰을 보고 싶은 마음이 든다.

롱이어비엔의 바람이 생각보다 날카롭다. 한국에서 떠나기 전 아르네에게 날씨를 물어봤을 땐 영상 15도 정도로 포근할 테니 추위 걱정은 하지 말라고 했다. 그래서 짐을 쌀 때 애초에 두꺼운 점퍼들은 빼놓고 주로 얇은 옷들을 챙겨왔는데, 꽤 걱정이 된다. 마트에 들러 비니 모자를 하나 샀다. 머리에 모자를 뒤집어쓰고 나니 한결 따뜻하다.

롱이어비엔 시내를 벗어나 산을 따라 걸었다. 한 무리의 관광객이 회색빛 시멘트 건물 앞에서 사진을 찍고 있다. 마치 비밀스런 지하실로 연결된 통로처럼 보이는 입구 옆에는 그리 크지 않은 글씨로 'Global Seed Vault'라고 씌어 있다. 궁금한 마음에 나도 관광객들 틈을 비집고 들어갔다. 관광 가이드의 설명에 따르면 이곳은 '인류 최후의 날에 대비한 저장고Dooms Day Vault' 라고도 불리는데, 입구 안으로 들어가면 넓은 공간이 마련되어 있어 전 세계에서 수집된 86만4000종의 씨앗이 영하 18도의 낮은 온도에 보관되어 있다고 한다. 앞으로 닥칠지 모를 인류의 재앙에 대비해 만들어놓은 씨앗 은행이다. 굳게 닫힌 문 앞에 서서 연신 흘러내리는 콧물을 훔치다 보니, 왜 이곳에 씨앗 저장고를 만들어놓았는지 알 것 같았다.

아르네는 숙소에서 하루 종일 컴퓨터를 붙잡고 이메일을 쓰거나 전화를 했다. 심각한 표정으로 얼굴을 찡그리고 있어서 말을 붙이지 않았는데, 저녁 식사를 할 때는 얼굴이 밝아 보였다. 뭔가 일이 해결되었구나 싶어 슬며시 물어봤더니, 나에게만 작게 속삭였다. "그냥 너만 알고 있어. 실은 우리 그린란드 연구 허가증이 오늘에야 나왔어. 다들 걱정할까 봐 일부러 얘기 안 하고 있었는데, 아예 그린란드에 못 갈 뻔 했어. 그린란드 정부에서 갑자기 추가 서류를 달라고 하는 바람에 급하게 작성해서 보내느라 정신이 하나도 없네. 그래도 잘 해결되었으니 걱정하지 마." 만약 조종사가 아프지 않아 예정대로 오늘 비행기를 타고 그린란드로 떠났다면 어떻게 되었을까? 연구 허가증이 없어서 그린란드에서 아무것도 하지 못한 채 장비들을 옆에 두고 발만 동동 구르고 있을 불쌍한 여섯 명의 과학자를 떠올려보았다.

스발바르 국제 종자 저장고
Svalbard Global Seed Vault.

그린란드로 가기 전, 장비 점검

시내를 돌아보고도 시간이 많이 남아 주변 새들을 둘러보고 한국에서 가져온 실험 기기들을 점검했다. 이번 탐사에서 가장 기대하는 장치는 GPS를 이용한 위치추적기다. 탐사 지역에 대한 정보가 부족하기 때문에 정확히 어떤 조류에게 설치할 수 있을지는 모르겠지만, 북극 고위도에 산다는 기러기류에게 달아주는 게 목표다. 추적장치의 무게가 40그램 정도 되기 때문에 작은 새에게 붙이기는 어려울 것 같고, 최소 1.5킬로그램 이상 나가는 개체에 부착해볼 생각이다. 지난겨울엔 남극에 있는 도둑갈매기South polar skua 네 마리의 어깨에 배낭을 메듯 같은 장치를 부착했었다. 북극에서도 추적기가 제대로 작동해준다

남극 세종기지 인근에 있는 도둑
갈매기 부부에게 위치추적장치
를 끈으로 연결해 어깨에 배낭처
럼 연결해 부착했다. 위성 신호
를 통해 위치 정보가 수신되면
그 정보를 인근 통신망을 통해
송신하기 때문에 실시간으로 정
확한 위치를 확인할 수 있다.

면, 실시간으로 위치 정보를 인터넷상에 전달해주기 때문에 유용한 데이터가 될 것이다. 고위도의 롱이어비엔에서도 신호 발신이 잘되고 있는지 기기를 테스트하는 중인데, 큰 문제없이 신호가 잘 잡힌다. 북극의 새들이 어디로 이동하는지에 대해선 아직 연구가 많이 이뤄지지 않아서 이번 탐사 때 새들에게 이 장치를 달아 구체적인 이동 경로를 확인해볼 계획이다.

추적장치 외에도 새를 관찰할 목적으로 무인항공장비UAV를 가져왔다. 일명 드론이라고 불리는 장비인데, 네 개의 날개가 달려 있고 기기 아래쪽에 고해상도 카메라가 있어서 원격 조종으로 동물들을 원거리에서 촬영할 수 있다. 많은 사람이 취미로 사용하고는 있지만, 사실 방송 촬영 및 군사적 목적으로 개발된 장치다. 최근엔 아프리카 사바나 초원처럼 넓은 지역에서 코뿔소나 기린의 분포를 관찰하는 용도로도 쓰인다. 그린란드에서도 드론을 날려 높은 곳에서 동물들을 촬영해볼 생각이다. 드론을 조종하는 것도 위성 신호가 필요한 작업인데, 몇 가지 테스트 비행을 해보니 다행히 문제없이 잘 작동한다.

아픈 조종사를 대신해 새 조종사가 도착했다는 소식을 들었다. 드디어 내일 아침이면 그린란드로 떠날 수 있다.

그린란드 노르 기지

롱이어비엔에서 비행기를 타고 서쪽으로 이동해 그린란드의 동북쪽 해안에 있는 노르 기지로 향한다. 북극해와 대서양이 바닷물을 주고받는 프람해협을 건너는 중이다. 비행기 창밖으로 바다 표면이 얼어서 생긴 해빙이 보인다. 하늘에서 내려다본 해빙은 몸속의 핏줄처럼 뻗어 있다. 굵은 동맥이 얼음의 몸을 가르고 미세한 모세혈관들이 사방으로 가지를 치고 나가 서로를 연결한다. 살아 움직이는 거대한 생명체처럼.

스발바르에서는 난류의 영향으로 바다가 얼지 않았는데, 북그린란드의 바다는 북극해에서 내려오는 한류의 영향으로 매우 차다. 염분이 녹아 있어 기온이 영하로 내려가더라도 바닷물

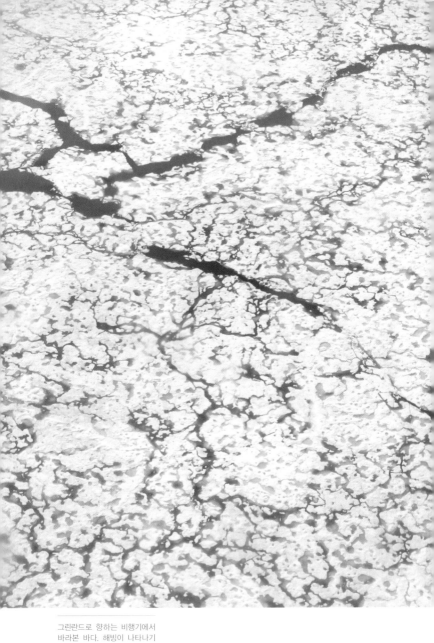

그린란드로 향하는 비행기에서
바라본 바다. 해빙이 나타나기
시작했다.

은 잘 얼지 않지만, 가을이 되면 영하 40도까지 떨어지기 때문에 바다 표면에 얼음 결정이 형성되면서 해빙이 생긴다. 처음엔 작은 원 모양으로 된 얼음 원반들이 점점 더 커지면서 하나둘 결합해 바다를 덮는다. 이듬해 여름이 되면 해빙이 서서히 녹으면서 바다가 드러났다가, 다시 추워지면 두껍게 얼기를 반복한다. 겉보기엔 그저 바다에 떠 있는 얼음인 것 같지만, 그 안에는 얼음 결정이 만들어지면서 생긴 작은 통로가 미로처럼 얽혀 있다. 구불구불 길이 난 얼음 구조의 틈에선 규조류와 갑각류 등

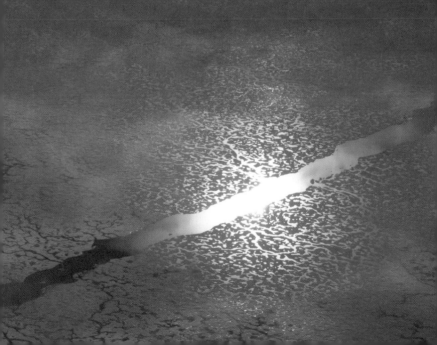

해빙이 녹아 얼음이 갈라진 모습.

이 자리를 틀어 하나의 얼음 생태계를 만든다. 특히 해빙 아래 붙어사는 규조류는 크릴의 주요 먹이가 되기 때문에, 크릴을 먹으러 오는 고래와 물고기 들도 해빙에 모인다. 이렇게 바다 위 얼음이 만들어내는 공간은 북극 바닷속 생명체들과 함께 어우러져 작은 우주를 이룬다.

노르 기지는 덴마크 공군이 운영하는 곳인데, 덴마크어로 노르Nord는 북쪽이라는 뜻이다. 북위 81도가 넘는 곳으로 북극점에서 900킬로미터 정도밖에 떨어져 있지 않다. 여기서 이틀간 대기하면서 우리가 타고 갈 경비행기가 오기를 기다릴 것이다. 그러곤 한 번 더 북쪽으로 이동해 북그린란드 난센란까지 간다. 목적지에 점차 가까워지고 있다.

노르 기지는 군사 시설이긴 하지만 우리 같은 연구자들이 여름 동안 머물 수 있도록 숙소를 제공하기도 한다. 깨끗한 침구와 난방 시설이 갖춰져 있고, 창문 옆에는 커다란 삽이 걸려 있다. 언제 폭설이 내려 방에 갇힐지 모르기 때문에 준비해놓은 제설 도구라고 한다. 기지 한가운데 있는 식당 건물에서는 전문 요리사가 끼니마다 덴마크식 빵, 샐러드, 소시지 등을 만들어준다. 크게 기대하지 않았는데 맛이 꽤나 훌륭하다. 기지 안에는 맥주나 음료를 마실 수 있는 작은 바도 있다. 양껏 꺼내 마신 뒤, 노트에 이름과 개수를 적어놓으면 나중에 따로 청구되는 방식이다. 마음 같아선 며칠이고 더 머물고 싶은 곳이다.

숙소 복도엔 안전 고리가 걸린 긴 장총이 하나씩 구비되어 있고, 벽에는 북극곰에 대한 설명과 경고문이 적혀 있다. 북극곰 대처법으로 안내된 첫 번째 사항은 '주변을 경계하라'는 것이다. 북극곰이 언제 어디서 나타날지는 아무도 모른다. 먹잇감을 향해 돌진할 때 속력이 굉장히 빠르기 때문에, 멀리서 북극곰이 작게 보이기 시작하면 미리 경고사격을 하거나 무조건 도망쳐야 한다. 두 번째는 '음식물에서 떨어져라'. 굶주린 북극곰

노르 기지의 숙소엔 이층 침대 옆에 침대 높이만큼 기다란 삽이 걸려 있다. 눈이 와서 숙소에 갇히면 이 삽으로 눈을 뚫고 나와야 한다.

노르 기지 바에 붙어 있는 북극
곰 사진.

노르 기지 숙소 인근의 북극곰
발자국. 오른쪽의 사람 손과 비
교해보면 그 크기를 가늠할 수
있다. 어른 손바닥보다 큰 것으
로 봤을 때, 길이가 대략 30센티
미터는 넘어 보인다.

ⓒ Poul Friis Jorgensen

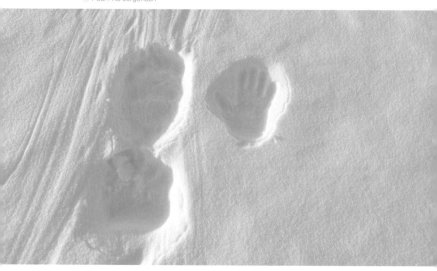

은 인간이 남긴 음식물에도 달려들 수 있기 때문에 기지 주변에 음식물 쓰레기를 남겨서는 안 된다. 그 외에 다른 유의 사항은 '동물 사체 근처에선 조심하라' '항상 무기를 가지고 다니고, 사진을 찍겠다고 북극곰에게 접근하지 마라' '새끼와 어미 북극곰 사이에 있지 마라' 등이다.

롱이어비엔에서와 마찬가지로 가끔 기지 주변에도 북극곰이 나타나는 모양이다. 숙소 옆 건물에 있는 기지 내 바에 음료를 마시러 갔더니 한쪽 벽에 북극곰 사진이 보란듯이 붙어 있다. 10년도 더 지난 사진인 것 같은데, 누군가가 기지 근처에서 북극곰 한 마리를 제대로 찍었다. 북극곰 사진을 찍지 말라는 경고문에도 불구하고 그 누군가는 사진 찍기를 포기하지 못했나 보다. 정식으로 기지 숙소 벽에 걸리진 못했지만, 그래도 이렇게 바에 있는 액자로나마 '정말 기지에 북극곰이 나타난다'는 사실을 실감한다.

식사를 마치고 조심스레 주변을 살피며 쌍안경을 들고 새를 찾던 중, 키가 큰 공군 대원 한 명과 마주쳤다.

"혹시 근처에서 흰색 갈매기를 본 적이 있나요?"

만약 흰색 갈매기가 있다면 북극흰갈매기Ivory gull가 주변에 있다는 뜻이다. 눈처럼 하얀 깃털이 온몸을 빛나게 하기 때문에 다른 새들과 명확히 구분된다. 북극흰갈매기로 말하자면 북극점을 둘러싼 북극 지역에서만 관찰된다는 희귀한 새다. 『북극

북극흰갈매기는 하얀 깃털과 노란 부리를 가진 북극 조류다. 북극점 부근 빙하 위에서 발견되는 흔치 않은 새로 알려져 있다.

야생동물 도감A Complete Guide to Arctic Wildlife』에 따르면, "얼음 위에 홀연히 나타났다 사라지는 마법의 새"라고 한다. 북극행이 결정되었을 때부터 마음속으로 품어온 녀석이다.

"가끔 식당 뒤에 가면 음식물 쓰레기 먹으러 오는 흰색 새가 있긴 해요. 막 점심시간이 지났으니까 한번 가보시죠!"

설마설마하는 마음에 식당 뒤로 황급히 뛰었다. 공군 대원의 말처럼 그곳엔 정말 북극흰갈매기가 있었다. 말도 안 돼, 북극 빙하를 날아다니는 하얀 마법의 새가, 내가 남긴 덴마크 소시지를 먹고 있다니. 북극흰갈매기의 하얀 깃털은 케첩 때문에 더러워져 있었다.

모든 조류 가운데 가장 '북극을 닮은' 새를 꼽으라면 북극흰갈매기일 것이다. 북극흰갈매기는 대부분의 시간을 해빙 위에서 보낸다. 최근의 기후변화로 인해 해빙이 줄어들면서 이들의 개체군 수도 급감하고 있다. 캐나다에서는 1980년대 이래 전체 개체군의 80퍼센트가 줄어 멸종위기종으로 지정됐고, 전 세계적으로는 국제자연보전연맹IUCN에서 지정한 취약 근접종 Near threatened이다. 관찰되기가 워낙 어렵기 때문에 번식 장소 역시 베일에 싸여 있었다. 1960년에 캐나다의 조류학자 맥도널드와 맥퍼슨이 캐나다 북쪽 피어리해협에서 처음으로 번식 개체군을 발견했다. 그리고 2008년 덴마크 조류학자 보어만과 올센은 비행기를 타고 가다가 80미터 상공에서 북극흰갈매기 성체

125마리와 새끼 35마리
가 바다의 얼음 위에 있는 모습을
관찰했다. 이것이 두 번째 기록이
었다.

북극흰갈매기는 보통 바다에서 물고기나 갑각류 등을 먹지만, 물범이나 북극곰이 남긴 고기를 먹는 청소부 역할도 한다는 사실이 떠올랐다. 기지에선 규칙적으로 쉽게 먹이를 찾을 수 있기에 이곳으로 오는 것이다. 기지 주변을 샅샅이 살펴보니 세 쌍의 북극흰갈매기가 더 보인다. 음식물 쓰레기 앞에서 여럿이 다투기도 한다. 이제껏 인간 없이 살아오던 생물들에게는 이곳이 마치 오아시스처럼 느껴질지도 모른다. 하지만 인간의 음식은 독이 든 오아시스다. 많은 염분과 다량의 지방, 단백질이 함유된 먹이는 자칫 과영양을 유발할 수 있고, 쉽게 먹이를 구할 수 있는 환경은 사냥 기술을 잃게 만들 수도 있다. 또한 노르 기지는 공군에서 운영하는 군사 시설이라서 수은과 같은 중금속에 노출되기 쉬운 곳이다. 북극흰갈매기처럼 청소부 역할을 하는 동물들의 체내에 중금속이 농축될 가능성이 매우 높다. 실제로 연구자들이 130년 전 박제되어 박물관에 보관된 개체의 깃털과 비교해보았더니 북극흰갈매기 깃털의 메틸수은Methyl mercury 농도가 45배나 증가했고, 알 껍질에서도 높은 농도의 수은이 검출되었다고 한다.

내가 연구를 하던 남극에서도 기지 주변에 버려진 인간의 음식물을 먹이로 삼는 도둑갈매기들이 있었다. 이들은 사람에게 길들여져버린 바람에 스스로 먹이를 찾아 떠나지 않고 기지에 머물면서 마냥 음식을 기다린다. 사람들은 이 도둑갈매기들을 '기지의 애완동물Station pet'이라고 불렀다. 하지만 오랫동안 남극에서 살아온 동물 입장에선 억울한 별명이다. 남극 기지를 운영하는 국가들은 문제의 심각성을 깨닫고 음식물을 분리해서 처리해야 한다는 논의를 했다. 배고픈 북극흰갈매기들에겐 미안한 이야기지만, 장기적으로 볼 때 북극의 건강한 생태계를 위해서는 음식물을 처리할 때 각별한 신경을 써야 한다. 나는 기지의 운영을 맡고 있는 대원을 만나 이런 이야기를 전했지만 반응이 영 시큰둥했다.

남극 세종기지 주변에 머물면서 인간의 음식물 쓰레기를 뒤지곤 하는 도둑갈매기, 인간을 크게 두려워하지 않는다.
ⓒ 정진우

노르 기지의 식당 하수구 주변에서 음식물 쓰레기를 먹고 있는 마법의 새, 북극흰갈매기.

난센란에서의 첫날, 시간의 속도

화성에 잘못 내린 걸까. 땅은 온통 검붉은 색이고, 살아 움직이는 생명체라곤 보이지 않는다. 고요한 가운데 강한 햇살과 차고 건조한 바람이 얼굴을 때린다. 비행기는 산더미 같은 짐과 함께 여섯 명의 과학자를 덩그러니 내려놓고 떠났다. 우리는 가장 먼저 텐트를 칠 장소를 물색했다. 앞서 다녀간 탐사대들의 흔적이 보인다. 주변에서 가장 평평한 곳이다. 시간이 오래 지나긴 했지만 탐사대가 조금씩 땅을 다져놓은 덕에 땅이 고르고 전망도 좋다. 근처엔 식수로 쓸 만한 개울물도 흐른다. 우리는 상의할 필요도 없이 이곳에 짐들을 내려놓고 캠프를 차렸다. 캠프 가까이에는 1989년 처음 탐사대가 사용했다는 리어

카가 27년이 지난 지금까지 그대로 자리를 지키고 있다. 바퀴는 바람이 빠졌고 쇠는 녹슬어 세월이 느껴진다. 혹시나 하는 마음에 리어카에 짐을 싣고 끌어보니 여전히 잘 굴러간다.

우선 여섯 명이 들어가도 될 만큼 큼지막한 텐트를 하나 쳤다. 텐트 안에서 요리를 할 수 있도록 가스버너를 설치하고, 밥을 먹을 수 있는 테이블과 의자도 갖다놓아 식당으로 쓸 공용 공간을 만들었다. 식당 텐트 옆에는 잠을 잘 수 있는 텐트를 사람 수만큼 추가로 설치했다. 안전상의 문제도 있고 해서 처음엔 둘씩 잠을 자야 한다는 얘기도 있었지만, 야외생활을 하는 동안에도 혼자만의 공간과 시간이 필요하다는 의견에 다들 공감해 작은 텐트 여섯 개를 나란히 치고 각자 간이침대와 침낭을 챙겼다.

텐트 뒤 적당한 곳에 구덩이를 두 개 팠다. 야외에서 생활을 하면 사람이 만들어내는 분변의 양도 무시할 수 없다. 성인 남자 여섯 명이 20일 정도를 머문다고 했을 때 얼마나 많은 양이 만들어질지를 계산하고 좀 깊은 구덩이를 만들었다. 옆에서 보이지 않도록 간이 텐트도 두 개 설치했다.

그렇게 공동의 공간을 만들고 난 뒤, 내 개인 텐트로 돌아와 모서리마다 못을 박고 끈으로 고정하는 작업을 했다. 바닥 곳곳에 북극토끼의 것으로 보이는 분변 무더기가 수두룩했다. 내가 토끼 화장실에 텐트를 쳤구나, 한숨이 나왔지만 그렇게 지저분

북그린란드 난센란에 차린 캠프.

캠프와 그 주변.

무심코 친 텐트 밑바닥엔 북극토끼의 분변이 가득 깔려 있었다.

해 보이지는 않아서 그냥 지내기로 했다.

어느덧 모기들이 나타났다. 북극에도 모기가 있구나, 하고 지나쳤지만 녀석들은 곧 얼굴에 잔뜩 달라붙어 피를 빨아댔다. 아르네는 의연한 척하며 "나는 원래 모기에 잘 물리는 체질이 아니야"라고 했지만, 얼마 후 얼굴 여기저기에 모기 물린 자국이 가득해졌다. 옆을 보니 주선의 얼굴에도 모기가 수없이 달라붙어 있어 두어 마리 잡아줬다. 주선은 "지금 남 걱정할 때가 아니에요"라며 내 뺨을 찰싹 때려준다. 한 시간도 지나지 않아 나도 모기에 잔뜩 물려 얼굴 곳곳이 붉어졌다. 특히 모기에 물린 입술은 퉁퉁 부어올라 간지러운 정도가 아니라 아프기 시작했다. 꼭 벌에 쏘인 것 같다.

어느새 자정에 가까워졌다. 피로가 몰려와 누워 잠을 청했지만 잠이 오지 않는다. 북극은 아직도 한낮이다. 멀리서 앙칼진 새 울음소리가 난다. 잠깐이라도 캠프 주변을 둘러보기로 하고 밖으로 나왔다. 야생도감에서 많이 봐온 덕

북극에 도착한 날, 무서운 경계음을 내며 날아와 나를 반겨준 긴꼬리도둑갈매기.

분에 이미 친숙해진 긴꼬리도둑갈매기 두 마리가 서로 영역 다툼을 하는지 싸우고 있다.

바다 위엔 내륙에서 떨어져나온 커다란 빙산이 곳곳에 떠 있다. 소리가 얼음 속에 갇힌 듯 사방이 적막하다. 한동안 말없이 바다를 본다. 시간도 얼음 속에 갇힌 듯 빙산은 정지한 것처럼 보인다. 바다와 육지의 경계면엔 금방이라도 흘러내릴 것 같은 빙하가 아래로 쏟아져 내릴 듯한 모습을 하고 있다. 하지만 이 역시 멈춰 있는 듯 보인다. 내 눈엔 이렇게 멈춰 있지만 실제로는 오랜 시간에 걸쳐 격렬히 움직여왔다. 눈이 깊게 쌓여 단단한 얼음이 된 빙하는 중력을 따라 아래로 천천히 흐르면서 땅을 거칠게 깎아내렸을 것이다. 그리고 바다를 만나 그 위에 떠서 빙산이 되었다. 고요한 평온 속에서 꿈틀거리는 정중동靜中動.

북극에선 시간의 속도가 다르다. 바다 건너편 육지에서는 지금이라도 막 쏟아져 내릴 듯 빙하가 바다를 향하고 있지만 정작 바다는 멈춰 있다. 화석을 연구하는 지질학자들이 백만 년의 시간은 아무것도 아닌 양 이야기하는 모습이 생각난다.

순간 어디선가 '쿵' 하고 천둥소리가 들린다. 하늘은 맑은데 무슨 일인가 주변을 둘러보니 빙산에서 얼음이 한 조각 떨어져 나와 있다. 멈췄던 시간이 순식간에 앞으로 달아나버렸다. 바다를 응시하다 문득 시계를 보니 벌써 바닷가에 온 지 두 시간이 지났다.

이곳은 캠프에서 20분가량 남쪽으로 내려가면 닿을 수 있는 북극해로 이어진 얼음 바다다. 내가 보고 있는 해안 골짜기의 정확한 명칭은 J.P. 코크피오르. 1900년대 초 그린란드 내륙을 횡단했던 덴마크의 북극 탐험대를 이끈 요한 페터 코크의 이름을 딴 지명이다. 알프레트 베게너도 코크와 함께 최초로 동북 그린란드의 내륙 빙하지역을 탐사한 일원이었다. 베게너는 그 경험을 바탕으로, 멈춰 있는 듯하지만 천천히 움직이는 빙하처럼 대륙도 오랜 시간에 걸쳐 조금씩 움직일 수 있다는 '대륙이동설'을 발표했다. 우리가 캠프를 차린 내륙은 난센란인데, 이 지명 역시 1888년 그린란드를 횡단한 노르웨이의 탐험가 프리드쇼프 난센을 기린 것이다.

멀리 바다는 모두 얼어 있고 빙산이 떠 있다. 공기는 꽤 따뜻해서 영상 10도 가까이 되는 듯하다. 다시 텐트로 돌아와 누웠지만 쉽게 잠이 오지 않는다.

J. P. 코크피오르의 북부 해안선과
바다 위를 가득 메운 빙산 조각들.

J. P. 코크피오르에 떠 있는 빙산.

북극의 동물들

해안가를 따라 내륙에서 녹은 빙하가 바다로 흘러들어가는 강의 하구가 나타난다. 강은 우리나라 동해안에서 볼 수 있는 작은 하천처럼 깊이가 얕고 안이 다 들여다보일 만큼 투명하다.

어디선가 세가락도요 한 마리가 나타나 계속 내 주위를 맴돌며 큰 소리로 울어댄다. 주변에 둥지가 있다는 신호다. 세가락도요 어미의 울음소리가 커지는 지점에 이르자 나는 주의 깊게 바닥을 살피며 걷기 시작했다. 숨은 그림 찾기처럼 주변의 돌과 이끼를 꼭 닮은 털로 위장한 새끼 한 마리가 눈에 들어왔다. 내 중지 길이 정도나 될까. 태어난 지 며칠 되지 않은 듯한 어

빙하가 녹아 흘러 바다와 만나는
강의 어귀.

태어난 지 며칠 지나지 않은 세
가락도요 새끼. 머리와 어깨, 등
위의 솜털 끝 마디에 있는 흰 점
과 검은색 무늬가 주변의 이끼,
지의류, 풀과 어우러져 새끼를
눈에 띄지 않게 보호해준다.

세가락도요 어미는 마치 한쪽 어
깨를 다친 것처럼 이상한 자세를
취하며 침입자의 시선을 끌어 새
끼를 보호한다.

© Jakob Vinther

린 녀석이다. 깃은 기본적으로 회백색 솜털이지만, 등 부분은 흰색, 회색, 갈색의 솜털과 얼룩무늬가 어지럽고 무질서하게 조화를 이룬다. 새끼는 잔뜩 웅크린 채 미동도 하지 않는다. 보드라운 솜털만이 바람에 흔들린다. 북극여우가 와도 깜빡 속을 것 같다. 세가락도요 새끼는 포식자로부터 자기를 보호하기 위한 방어 전략으로 제 몸을 둥지 주변과 거의 비슷하게 위장하는 법을 터득했다. 물론 나한테 들킨 걸 보면 썩 완벽하진 않다. 인간을 포함한 포식자들도 먹잇감의 방어 전략에 대응해 시각적인 능력을 향상시켰으니까. 세가락도요 새끼의 위장은 훌륭한 수준이지만, 나와 북극여우의 눈도 그만큼 예리하다. 주변 색깔과 뒤섞여 혼동되는 상황에서도 고도의 집중력으로 숨은 그림 찾기를 하듯 먹이를 기가 막히게 찾아낸다. 포식자와 피식자의 관계 속에서 진화적으로 포식자는 더 정교한 시각을 갖게 되었고, 피식자는 좀더 높은 수준의 변장을 하게 되었다.

진화학자 밴 베일런은 이를 가리켜 '붉은 여왕 효과Red Queen effect'라고 표현했다. 루이스 캐럴의 소설 『거울 나라의 앨리스』에 등장하는 붉은 여왕의 이름을 딴 것이다. 소설에서 붉은 여왕은 앨리스의 손을 잡고 열심히 달리지만 계속 제자리일 뿐이다. 앨리스가 왜 앞으로 나아가지 못하는지 묻자, 붉은 여왕은 "우리 나라에선 계속 뛰어야만 제자리에 있을 수 있어"라고 답한다. '붉은 여왕 효과'는 여기서 착안해 붙인 용어다. 포식자가 효율적인 취식 전략을 갖추더라도 피식자는 방어 전략을 향상시켜 포식자를 피한다. 반대의 경우도 마찬가지다. 붉은 여왕의 평형관계 속에서 둘 다 죽을 각오로 생존 전략을 만들어야 간신히 살아남을 수 있는 것이다.

분홍발기러기Pink-footed goose 세 마리가 강 주변에서 풀을 뜯는다. 적어도 50미터는 떨어져 있었는데, 어느새 내 존재를 눈치챘는지 뒤쪽 언덕으로 걸어가다 이내 멀리 날아간다. 발을 유심히 살펴보니 이름 그대로 분홍색이다. 그린란드 동쪽, 아이슬란드, 스발바르 등에서 번식하고 이동 시기엔 영국, 아일랜드, 네덜란드, 덴마크 등지의 서유럽과 북유럽 해안으로 내려가 겨울을 나는 새다. 다른 기러기보다 몸집도 더 큰 편인데, 몸길이가 60~75센티미터에, 몸무게는 2킬로그램 중반까지 나간다. 북극여우로부터 알을 보호하기 위해 접근성이 떨어지는 빙벽 근처의 언덕이나 산 사면에 둥지를 짓는다. 대략 5월경에 번식을 시작해 9월이면 번식을 마치고 이동한다. 대부분 식물성 먹이원을 선호하는데, 육지나 해안가 근처에 있는 풀과 조류를 먹는다.

분홍발기러기 20여 마리가 서쪽으로 비행하는 모습이 보인다. 제법 큰 규모의 무리가 있는 듯하다. 관련 기록을 보면 분홍발기러기는 북그린란드의 해빙 위에서 깃갈이를 한다고 알려져 있었다. 보통 새들은 해마다 한 번씩 깃갈이를 하는데 이 기

분홍발기러기 세 마리가 빙하가
녹아 흐르는 강 하구에서 먹이
를 찾고 있다.

분홍발기러기는 북극에서 여름을 보내고 가을이 다가오면 떼를 지어 남쪽으로 이동한다.

깃갈이를 위해 북그린란드로 날아온 분홍발기러기. 한여름에도 기온이 낮고 바다는 얼음으로 덮여 있지만, 그 덕분에 안전하게 깃갈이를 할 수 있다.

바다 가장자리 해빙이 녹아 생긴 물웅덩이에서 분홍발기러기 한 마리가 유유히 헤엄치다 이내 관찰자인 나를 발견하고 황급히 얼음 위로 달아난다. 깃갈이 중이라 날지 못하지만, 육상의 포식자가 바다를 건너지 못한다는 것을 알고 있는 듯하다.

간만큼은 쉽게 날지 못한다. 그래서 육상에 있는 북극여우 같은 포식자들로부터 안전한 해빙 위를 깃갈이 장소로 택했을 것이다. 덴마크 연구자들은 매년 비행기를 이용해 그린란드 동북쪽부터 해안가를 따라 낮게 날면서 항공 사진을 찍고, 확대한 이미지에서 기러기 수를 센다. 1988년엔 3만 마리 정도가 깃갈이를 하고 있었는데, 2008년 조사 결과를 보면 7만5000마리로 두 배 이상 증가했다.

높은 고도에서 찍힌 사진을 보면 분홍발기러기는 수천 마리가 함께 모여 바다 한가운데 하얀 얼음 위에 앉아 있다. 육상의 포식자로부터 멀찌감치 떨어진 북극 바다에서 새로운 깃으로 옷을 갈아입는다. 이전 자료들은 대부분 헬리콥터나 비행기를 타고 지나가면서 바다 위를 찍은 사진 자료를 바탕으로 한 것이라 실제 육지 위에 있는 기러기에 대한 관찰은 제대로 이뤄지지 않았다. 이 시기에 육지에서 분홍발기러기를 관찰한 기록은 이번이 처음이다. 분홍발기러기들은 예전에 생각했던 것처럼 해빙 위에서 깃갈이만 하는 게 아니라, 해안 근처 육지로 올라와 먹이를 먹고 영양을 보충하는 것으로 보인다.

빙하가 녹아 흐르는 강 주변부엔 흰죽지꼬마물떼새Common-ringed plover 가족도 보인다. 한국에 번식하는 꼬마물떼새와 달리 눈에 노란색 테가 없고 몸집이 더 큰 편이다. 북극에서 주로 번식하는 것으로 유명한데, 포식압Predation pressure이 더 높은 남쪽

흰죽지꼬마물떼새 어미.

흰죽지꼬마물떼새 새끼는 강 하
구의 돌이나 흙 색깔과 어우러져
잘 보이지 않는 보호색을 가지고
있어 가까이에서도 쉽사리 눈에
띄지 않는다.

흰죽지꼬마물떼새 어미는 일부러 새끼로부터 멀리 떨어진 곳으로 날아가 침입자의 주의를 끈다.

으로 내려오지 않고 고위도 지역에 한정되어 둥지를 짓는 것으로 알려져 있다.

부모와 새끼 두 마리가 함께 있는데 새끼들은 태어난 지 2주 정도 지난 듯 꽤 크다. 어미는 일부러 새끼에게서 멀리 떨어진 곳으로 날아가며 꼭 날개를 다친 것처럼 한쪽 날개를 아래로 늘어뜨린 채 나를 유인한다.

붉은가슴도요Red knot 역시 삑삑거리는 시끄러운 소리로 침입자를 경계한다. 둥지를 찾아 근처를 살폈지만 번식을 하고 있는

붉은가슴도요 어미는 둥지 가까
이에 접근한 인간에게 소리를 내
며 경계를 늦추지 않는다.

흔적은 보이지 않는다. 새끼가 있는데 내가 못 찾는 건지도 모르겠다. 너무 오래 머물 수는 없기 때문에 사진과 위치 자료를 얻고 오늘은 이곳을 벗어나기로 한다.

흰죽지꼬마물떼새와 붉은가슴도요 모두 한국에서 봤던 녀석들이다. 이들은 시베리아 북쪽 북극권에서 번식을 마치고 월동지로 남하하는 도중에 보이거나, 월동지에서 번식지로 북상하는 길에 잠시 들르는 나그네새들이다. 북극에서 번식을 하고 따뜻한 곳에서 겨울을 나기 위해 남쪽으로 내려온 곳이 한국이다.

강 하구에서 본 새만 벌써 네 종이다. 모두 번식에 한창 열중이다. 이 주변은 물이 흐르고 풀이 많아 먹이를 구하기 쉬운 장소인 것 같다. 지도에 특별히 '핫 스팟Hot spot'이라고 써놓고 별표를 달아놓았다.

생물학자와 지질학자

곤충을 쫓는 스프레이를 몸에 뿌리고 방충망으로 된 옷을 입었다. 눈앞을 가리고 있는 투명 플라스틱에 김이 서려 불편하지만 모기에 물리는 것보단 낫다.

긴꼬리도둑갈매기 두 쌍이 어제와 마찬가지로 서로 싸우고 있다. 울음소리를 내며 공격적인 행동을 하는 것으로 보아 내가 지나는 곳이 이

조사를 하기 전 모기를 쫓는 기피제를 뿌리고 방충망으로 된 옷을 껴입었다.

들 영역의 경계가 아닌가 싶다. 번식기 어미 새들은 매우 예민하게 영역을 방어한다. 근처 어딘가에 새끼가 있는 것 같다. 긴꼬리도둑갈매기 어미는 하얗고 검은 깃이 대비되어 눈에 잘 띄지만, 새끼는 보호색인 갈색 깃털로 덮여 있어 유심히 찾지 않으면 어지간해선 발견하기 힘들다. 북극여우 같은 포식자가 나타나 애써 키운 새끼를 낚아챌 수도 있고, 심지어 같은 도둑갈매기들끼리도 다른 둥지의 알과 새끼를 잡아먹는 동족포식 Canibalism을 하기 때문에 경계를 늦추지 않는다.

참새 정도 크기의 작은 새가 눈 쌓인 지역을 낮게 날고 있다. 까만 눈에 노란 부리가 예쁘지만, 어딘가 모르게 어수룩해 보인다. 연신 셔터를 눌러댔지만 회백색 몸통이 주변 색과 어우러져 눈에 잘 띄지 않는다. 올해 태어난 한 살배기다. 가까이 다가가기가 무섭게 사라진다. 흰멧새Snow bunting가 아닐까 짐작해본다. 어른 흰멧새는 이름에서 알 수 있듯이 눈처럼 하얀 깃이 뚜렷해서 구분이 쉽지만 어린 새들은 깃털 색이 달라서 한눈에 알아보기가 어렵다.

한 살배기 흰멧새.

촘촘히 나 있는 이끼와 풀 위에서 북극토끼 여섯 마리가 놀고 있다. 풀을 뜯으며 우리가 걷는 방향으로 함께 이동한다. 사람을 그리 겁내지 않는 모양이다. 망원렌즈로 찍은 사진을 확대해 북극토끼가 어떤 풀을 뜯고 있는지 확인해보았다. 북극버들 잎이다.

어느새 나를 제외한 다섯 지질학자는 저만치 앞서 있다. 망치와 삽을 어깨에 잔뜩 짊어지고도 힘든 기색이 없다. 이내 피라미드처럼 날카롭게 튀어나온 검은 사각뿔 모양의 돌산이 나타난다. 자세히 보면 얇은 돌이 책을 눕혀 쌓아올린 것처럼 촘촘

하게 층을 이루고 있다.

지금은 그냥 우뚝 솟은 검은 산이지만, 과거 5억 년 전 고생대 캄브리아기엔 이곳이 따뜻한 바다 밑바닥이었다. 삼엽충을 비롯한 수많은 생명체가 바닷속에서 그들만의 세계를 만들었다. 그들이 죽어 바다에 깔리고, 그 위를 진흙이 덮고, 다시 그 위에 바다 생물들의 잔해가 쓸려와 무덤을 만들었다. 그러던 중 어떤 이유에서인지 퇴적층이 형성되는 밑바닥에 산소가 부족해지고 분해자들이 제대로 활동을 하지 못하는 환경이 만들어졌다. 그로 인해 당시 바다생물들의 잔해가 층과 층 사이에 고스란히 흔적을 남겼고, 오랜 세월이 지나 퇴적층이 다시 땅 위로 솟았다. 까만색 셰일이 얇은 층을 형성하며 겹겹이 두꺼운 책을 만들었고, 그 사이에 꽂힌 생물들은 납작하게 눌려 책갈피가 되었다. 그 책갈피를 열어 페이지를 확인하면 시대가 열리고 이야기가 나온다.

"아마도 이곳은 화석이 만들어질 수 있는 특별한 환경이었을 겁니다. 그래서 퇴적층에 남아 있던 생물들이 이렇게 썩지 않고 잘 보존될 수 있었죠. 그 덕분에 우리는 고생대의 생물을 엿볼 수 있게 되었고요." 주선의 말에 따르면 생물들이 화석으로 남으려면 그 사체가 분해되지 않은 채 퇴적층들 사이에 겹겹이 잘 쌓인 후 융기하여 땅 위로 드러나야 한다.

덴마크에서는 그린란드 해안을 경비하기 위해 개썰매를 끌고 북그린란드 지역을 해마다 한 번씩 횡단하는 정찰대를 운영했다. 정찰대의 이름은 밤하늘에서 가장 밝은 별 중 하나인 시리우스의 이름을 따서 '시리우스 정찰대Sirius patrol'라고 붙였다. 그리고 1984년 영국의 지질학자인 토니 히긴스와 잭 소퍼는 시리우스 정찰대가 다니던 길목에서 지질 탐사를 하던 중 이 화석 산지를 발견했다. 후에 사람들은 이곳을 '시리우스 정찰대의 썰매가 통과하던 길'이란 의미로 'Sirius passet'라고 불렀다.(덴마크어로 passet는 '통과하는 길'이란 뜻이다.) 이 화석 산지에선 이제껏 총 다섯 번의 지질 탐사가 이뤄졌는데, 매번 고생대 캄브리아기의 초기 진화를 밝힐 수 있는 중요한 화석들이 쏟아져 나왔다.

지질학자들은 능숙하게 망치를 들고 돌을 깨기 시작한다. 나도 옆에서 망치를 하나 꺼내 망치질을 했다. 중국에서 발견된 중요한 시조새 화석은 화석에 전혀 문외한인 시골 농부가 찾아내기도 했다. '초보자의 운Beginner's luck'이란 영어 표현처럼 나 같은 초행자가 엄청난 발견을 하게 될지도 모를 일이다. 나는 행복한 상상을 하며 열심히 돌을 깼다. 한 시간 정도 흘렀을까. 얇은 돌 단면 위로 교과서에서나 보던 삼엽충같이 생긴 절지동물의 윤곽이 드러났다. 세상에, 내가 화석을 찾았어! 뭔가 새로운 종을 발견한 건 아닐까? 나는 곧장 찾은 화석을 태윤에게 들고 갔다.

화석 산지에서 찾은 고생대 삼엽
충(*Nevadella* 속) 화석.

신경이 잘 보존된 고생대 절지동
물문 화석.

지질학자들은 화석을 찾아 돌을
깨고 그 단면을 들여다본다.

"고생대 삼엽충 화석이긴 한데…… 흔한 거라 학술적 가치는 없어 보이네요. 돌을 캐다 보면 비슷한 게 또 나올 거예요. 그냥 버리셔도 됩니다."

태윤은 낙담해 있는 나에게 굉장히 귀한 화석을 찾았다며 자랑스레 보여준다. 보존 상태가 워낙 좋아 신경 세포까지 그대로 남아 있다는 설명을 들었지만, 내 눈엔 하얀 얼룩처럼 보일 뿐이다.

몇 시간째 지질학자들은 화석을 찾아 작은 돌조각들을 살폈다. 그렇게 해서 찾으려고 하는 것들은 과거에 살았던 생명체들의 흔적이다. 지금 살아 숨 쉬는 생명체들의 움직임을 느끼고 싶었다. 내가 처음으로 찾은 삼엽충 화석을 주머니에 넣은 채, 혼자 쌍안경을 들고 주변에서 동물의 흔적을 좇았다. 과거를 손에 쥐고 현재를 사는 사람이 된 기분이 들었다.

일을 마치고 함께 내려오는 길엔 멀리서 사향소 세 마리가 보였다. 커다란 몸집에 뿔이 크게 나 있고 거친 털이 치렁치렁 매달려 있는 수컷들이다. 나와 지질학자들은 동시에 "사향소다!" 하고 외쳤다. 우리는 나란히 서서 사향소들이 풀을 뜯는 모습을 바라봤다.

사향소가 작은 무리를 이루고 다니며 바닥의 풀을 먹는다.

비 오는 날은 공치는 날

지난밤부터 비가 내리더니, 좀처럼 그칠 기미가 보이지 않는다. 북그린란드는 매우 건조한 지역이라 연간 강수량이 200밀리미터를 넘지 않는다. 하지만 이번 비는 꽤 양이 많아서 텐트 주변에 물웅덩이가 생길 정도다. 하루 종일 텐트에 고립된 신세가 되었다. 가만 생각해보니 지난 며칠간 제대로 쉰 적이 없다. 야외 조사를 하지 못해 아쉽긴 하지만 이럴 때 충분히 쉬면서 잘 먹어두는 것도 중요하다.

음식물은 모두 진공 상태로 포장해서 빙하가 녹아 흐르는 개울물에 넣어두었다. 날짜별로 두 명씩 짝을 지어 당번을 정해서 돌아가며 요리를 하고 설거지를 한다. 오늘은 지훈과 내가 할 차례다. 메뉴는 훈제 오리 볶음, 송이버섯, 전복장아찌. 남극에서의 캠핑 경험이 많은 태윤과 주선이 캠핑할 땐 잘 먹어야 한다며 한국에서부터 특별식으로 준비해온 것들이다. 야코브와 아르네가 별도로 덴마크식 빵과 비스킷을 싸오긴 했지만 우리가 가져온 한국식이 맛있다며 같이 먹고 있다. 그리고 덴마크에 돌아가 가족들에게 보여주겠다며 끼니때마다 사진을 찍는다. 아르네는 훈제 오리를 먹더니 최고라며 엄지를 치켜든다. 송이버섯과 전복도 먹어보라고 하자 고개를 갸웃거리며 하나씩 맛보더니 비린내 때문에 전복은 도저히 못 먹겠다며 손사래를 친다. 야코브는 전복 껍데기를 기념으로 가져가겠다며 챙겼다.

우리 여섯 명은 캠프 한편에 설치한 커다란 돔형 텐트에 모두 모여서 음식과 함께 술도 한 병 마시며 잡담을 나눈다. 노르웨이를 경유할 때 아르네가 사온 보드카가 한 병 있었다. 아르네가 정말 맛이 좋은 러시아 보드카라며 엄지손가락을 치켜들고 특별히 고른 술이다. 그런데 야코브가 그 보드카에 식물 잎을 따다 넣었다. 북극종꽃나무 잎이었다. 술의 풍미를 좋게 만들어준다며 자신 있게 넣었는데, 얼마 지나지 않아 투명하

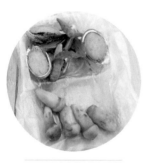

북극 야외 조사 중에 먹은 송이버섯, 전복장아찌.

던 보드카 색이 사향소 오줌처럼 노랗게 변했다. 야코브는 맛이 좋아졌다고 웃으며 떠들어댔지만, 태윤과 아르네는 표정이 일그러졌다. 나도 조금 마셔 보았는데 술맛도 오줌처럼 변해 있었다. 식물도감을 찾아보니 식용으로 쓰는 식물이라는 말은 없고, 주로 불을 지피기 위한 연료나 지붕 단열에 쓴다고 나와 있다. 아르네는 약간 화가 났는지 보드카를 마시지 않았고, 결국 야코브 혼자 거의 다 마셨다. 야코브는 묘한 웃음을 띠며 이따금 한 모금씩 그 술을 마셨는데, 돌이켜 생각해보니 일부러 넣은 게 아닌가 싶다.

텐트에 앉아 떨어지는 빗방울 소리를 들으며 술을 조금 마시니 긴장이 풀리면서 몸이 나른해진다. 투둑 – 투둑투둑 – 투둑…… 일정한 리듬을 만들며 텐트 안에서 공명하는 빗소리는 음악처럼 공간을 가득 채운다. 조금 더 마시고 싶은 생각이 간절하지만, 짐의 무게를 줄여야 해서 그리 많이 가져오진 못했다. 술도 캠핑 기간에 맞추어 계획성 있게 마셔야 한다.

야코브는 메모지에 뭔가 정성스럽게 색칠을 한다. 뭘 그리는지 물어보니 이번 조사 때 새로 찾아낸 화석 속의 생물이라며 그림을 보여준다. 절지동물처럼 생겼고 다리가 여러 개 달려 있다. 아르네는 덴마크어로 된 가로 세로 낱말 맞추기 게임을 하며 시간을 보낸다. 태윤과 지훈은 한국에 가져갈 화석을 정리하고, 주선은 인쇄해온 학술 논문을 읽고 있다.

나는 사진기를 꺼내 들판에서 찍은 식물 사진들을 한 장씩 넘겼다. 아름다운 꽃을 만날 때면 틈틈이 찍어두었지만 정작 어떤 식물의 꽃인지는 몰랐다. 북극 식물도감 책을 펼쳐 옆에 나란히 놓고 사진들을 비교해본다. 네 장의 하얀 꽃잎과 갈색 솜털이 많은 스발바르양귀비Svalbard poppy, 진한 자줏빛 꽃잎과 더 진한 꽃받침이 달린 각시분홍바늘꽃Dwarf fireweed, 하얀 털이 둥글게 난 북극황새풀Arctic cottongrass, 보라색 선이 있는 꽃받침이 둥글게 부풀어 있고 끝에 작은 꽃이 핀 북극풍선장구채Polar campion. 이름표가 붙은 꽃과 풀이 일어나 바람을 타고 움직인다. 박제된 동물이 되살아나듯 움직임 없는 사진 속 식물들에 피가 돌고 온기가 느껴졌다.

스발바르양귀비.

각시분홍바늘꽃.

북극황새풀 열매와 잎.

북극풍선장구채.

흔적

비가 그쳤다. 마음은 가볍지만 몸은 한없이 무겁다. 마치 습지나 늪에 오기라도 한 것처럼 축축한 흙과 풀들이 신발 밑바닥에 달라붙어 나를 따라다닌다. 어제까지 내린 비 때문인지 땅이 많이 젖어 있다. 개울 근처 작은 물웅덩이 주변으로 털 뭉치가 보인다. 만져보니 아직도 따뜻하다. 얼마 전까지 여기에 머문 것 같다. 발자국이 난 방향을 보니 북쪽을 향해 있다. 고개를 들어 멀리 북쪽 언덕 위를 살핀다. 커다란 바위 같은 것이 보인다. 쌍안경을 꺼냈다. 역시나 사향소 한 마리가 보인다. 덩치나 뿔의 크기로 가늠해볼 때 수컷이다.

존재는 흔적을 남긴다. 발자국, 분변, 털을 바라보고 있노라

사향소의 것으로 추정되는 털 뭉치.

사향소의 커다란 발자국은 북쪽
언덕을 향하고 있었다.

니 불과 한두 시간 전까지 저 멀리 보이는 사향소가 이곳에서 풀을 뜯고 물을 마시며 한가로이 앉아 있었다는 걸 알 수 있다. 흔적들은 구체적인 상황을 설명해준다. 나는 재빨리 사향소를 쫓아 북쪽 언덕을 향해 달린다. 하지만 내 존재를 눈치챘는지 사향소도 걸음을 옮긴다.

사향소는 우리가 알고 있는 야생 들소나 물소가 속한 소아과 Bovinae가 아닌 영양아과Caprinae로 분류된다. 먼 옛날 사향소의 조상은 소아과와 갈라진 후에 산양속Naemorhedus과 사향소속Ovibos으로 나뉘었다. 'Ovibos'라는 속명도 양을 뜻하는 라틴어 'Ovi'와 소를 뜻하는 라틴어 'Bos'의 조합이다. 약 1만 년 전, 홍적세 빙하기를 거치면서 매머드 같은 대형 포유동물은 지구상에서 사라졌다. 홍적세 초기 사향소는 아시아에서 베링해를 지나 북미 대륙으로 건너왔다. 홍적세가 끝날 무렵 빙하기도 함께 막을 내렸고, 이때 북쪽으로 이동해 캐나다 북부와 그린란드에 자리를 잡아 현재 사향소의 직계 조상이 되었다. 최근 화석 연구와 유전적 분석 결과를 살펴보면, 이동과정에서 사향소의 유전적 다양성이 크게 줄었다고 한다. 하지만 북쪽으로 이동한 덕분에 다른 대형 포유류들처럼 사라지지 않고 아직 살아남아 있다.

사향소의 번식기는 6월에서 7월에 시작되는데, 이 시기에 혼자 다니는 사향소 수컷은 대개 둘로 나뉜다. 나이가 어리거나, 혹은 너무 많아서 무리에서 떨어져 나온 하위 계층인 녀석들이다. 무리에선 수컷 하나가 여러 암컷과 새끼를 거느리기 때문에 수컷들끼리 무리를 차지하려 싸움을 벌이곤 한다. 보통 두 마리가 서로 마주보고 달려들어 머리를 부딪쳐 승패를 결정한다. 이때 충돌하며 나는 소리는 100미터 밖에서도 크게 들릴 정도다. 싸움에서 진 녀석은 홀로 길을 떠나야 한다. 가끔 수컷들끼리 작은 그룹을 만들어 다니며 다른 기회를 엿보기도 한다. 승리한 수컷은 암컷 무리를 거느리고 본격적인 번식기에 들어간다. 짝짓기가 끝나고 8~9개월의 임신 기간을 거치고 나면, 이듬해 4월부터 6월 사이에 출산이 시작된다. 어린 사향소는 태어나자마자 털이 나 있고 홀로 일어서서 무리에 합류해 어미젖을 먹으며 어른들의 보호를 받는다.

캠프 바로 앞에 네 마리의 사향소 무리가 찾아왔다. 새끼 사향소 한 마리가 어미 앞에서 바닥에 누워 잠을 자고 있고, 오른쪽으로는 수컷이 나를 경계하고 있다.

    여름 동안 습지의 풀, 북극버들, 지의류와 이끼 등 땅에서 자라는 거의 모든 것을 먹으며 살을 찌운 사향소는 곧 이동을 시작한다. 겨울이 되면 기온이 영하 20도까지 떨어지고 눈이 두껍게 쌓일 것이다. 그때 먹을 수 있는 식물이라곤 다년생 식물인 북극버들 정도이기 때문에, 쉽게 먹이를 찾으려면 눈이 덜 쌓이는 고지대로 이동해야 한다.

땅엔 발자국뿐 아니라 깃털도 많이 떨어져 있다. 분홍발기러기와 긴꼬리도둑갈매기의 깃털이 눈에 띈다. 나는 깨끗한 깃털을 모았다. 깃털에 달라붙어 있는 진드기를 연구하는 동료 연구원의 부탁이다. 새의 날개를 펼쳐 안쪽 깃털을 살펴보면 검정색 얼룩처럼 보이는 점들이 있는데, 대부분 진드기가 깃털을 갉아먹은 흔적이라고 한다. 그는 우리나라와 남극의 새들에게서 진드기를 모았다. 또 북극에 있는 새에는 과연 어떤 진드기가 달라붙어 있을지 궁금해했다. 특히 북극의 새들은 대부분 먼 거리를 이동하는 장거리 여행자이기 때문에 다양한 진드기가 달라붙어 있을 가능성이 있다고 했다. 살아 있는 새를 잡아 깃털을 뽑아오면 좋겠다고 했지만, 새를 잡기는 힘든 상황이었기 때문에 나는 대신 떨어진 지 얼마 되지 않은 깃털을 주웠다.

흰올빼미 깃털.

북극에 산다는 흰올빼미 깃털도 발견했다. 비록 흰올빼미를 직접 보진 못했지만, 간접적으로나마 그 존재는 확인한 셈이다.

흰올빼미는 해리포터 시리즈에서 애완동물인 헤그

위드로 등장해 우리에게 친숙하지만, 무게가 2킬로그램에 달하고 발톱과 악력이 강한 수리부엉이속 맹금류다. 일본의 사진작가 호시노 미치오는 『알래스카, 바람 같은 이야기』에서 흰올빼미에게 공격당한 경험을 이렇게 적었다. "그때 갑자기 등에 강한 충격을 느꼈다. 몸을 구부리고 있던 나는 그만 균형을 잃고 말았다. 커다란 흰 날개가 눈앞에서 공중으로 날아오르나 싶더니 방향을 휙 바꾸어 다시 이쪽으로 곧장 날아온다. 큼지막한 노란 눈동자 두 개가 나를 매섭게 쏘아보고 있었다. 두 번째 공격을 가까스로 피한 뒤 둥지에서 멀리 떨어졌다. 스웨터 밑으로 손을 넣어 등을 더듬어보니 손에 피가 묻어나왔다."

흰올빼미는 보통 6월에서 7월에 번식을 하기 때문에 지금도 근처 어딘가에 둥지를 만들었을지 모른다. 둥지에 선불리 다가갔다가는 날카로운 발톱에 당할 수도 있다. 흰올빼미를 볼 수 있다는 기대감과 공격당할지 모른다는 불안감이 함께 뒤섞인다. 그래도 흰올빼미를 직접 볼 수 있다면 어느 정도 위험을 감수할 수 있지 않을까? 나는 다시 걷기 시작한다.

새의 인지 능력

북극에서 만난 동물들 가운데서도 긴꼬리도둑갈매기는 매우 독특한 행동을 보인다. 둥지 근처에 누가 오느냐에 따라 방어행동을 유동적으로 바꾼다. 둥지에 자주 왔던 사람은 어느 샌가 알아보고 날아와 공격하지만 그렇지 않은 사람에겐 꽤 너그럽다. 혹시나 긴꼬리도둑갈매기가 사람을 알아보는 건 아닌가 싶어 이를 확인할 가벼운 테스트를 시작했다. 실험과정은 간단하다. 하루에 한 번씩 4일 동안 같은 사람이 둥지에 다가갔을 때 부모가 반응하는 거리를 측정한다. 그리고 마지막 5일째엔 그간 둥지에 전혀 오지 않았던 다른 사람이 다가갔을 때의 반응 거리를 잰다. (플로리다대학의 더글러스 레비가 흉내지빠귀

긴꼬리도둑갈매기. 사람이 둥지 근처로 다가가자 위협을 느꼈는지 금세 날아오른다. 새끼를 방어하려는 듯 인간의 머리 위로 비행하면서 공격적인 행동을 취한다.

Mokcingbird를 대상으로 했던 실험 방식을 차용한 것이다.) 만약 특정한 사람을 알아본다면 4일 동안은 둥지 침입자를 향해 점차 예민하게 반응할 것이고, 5일째에 다른 사람이 왔을 땐 반응 정도가 약할 것이라고 예측했다. 둥지 침입자를 알아보고 기억한다면 그 사람에겐 공격적으로 행동하며 둥지를 방어하려 하겠지만, 둥지에 오지 않았던 낯선 사람이 왔을 땐 그만큼 민감하게 행동할 필요가 없을 것이다.

긴꼬리도둑갈매기는 나처럼 둥지 주변에 자주 갔던 사람에게 특히 예민한 듯 보였다. 이미 멀리서부터 알아보고 경계음을 내며 공격적으로 행동했다. 그러다 또 새로운 사람이 근처를 지나가면 아주 가까이 가지 않는 이상 공격적으로 반응하지 않았

둥지 근처를 지나가는 사람에게 반응하는 긴꼬리도둑갈매기. 둥지에 자주 방문했던 사람에게만 민감하게 반응하는지를 테스트해보았다.

2016-8-1 7:42:43PM

다. 둥지 근처를 지나가는 사람에 대한 부모 새의 반응을 알아보기 위해 경계음을 내기 시작한 거리와 행동을 자세히 기록하는 중이다.

종 간의 행동 차이를 비교하기 위해 같은 지역에서 번식 중인 꼬까도요와 세가락도요의 행동 반응도 함께 기록하고 있다. 꼬까도요와 세가락도요는 근방에서 가장 많이 보이는 도요물떼새류에 속하는 작은 새들이다. 꼬까도요는 몸길이 20센티미

경계음을 내고 있는 꼬까도요 아비 새. 낯선 인간이 둥지 가까이 접근하자 반복적으로 높은 소리를 내면서 공격적인 반응을 보였다.

어린 꼬까도요는 성체에 비해 인간에 대한 경계심이 덜했다. 한 살배기 꼬까도요가 캠프 가까이에서 풀과 바위틈으로 작은 곤충을 잡았다.

터 남짓에 쐐기처럼 생긴 짧은 부리로 먹이를 쪼아 먹는다. 등 부위엔 붉은빛 깃털색이 선명하고 머리엔 검고 흰 무늬가 있다. 번식기엔 주로 곤충을 먹는데, 돌을 뒤집어 그 밑에 있는 먹이를 찾는 습관 때문에 '턴스톤turnstone'이라는 이름이 붙었다고 한다. 수명이 길어서 최대 19년까지 살았다는 기록도 있다. 세가락도요 역시 꼬까도요와 비슷한 크기에 두툼한 부리를 가지고 작은 게나 무척추동물을 먹는 새다.

지금까지 관찰한 결과를 놓고 보면, 다른 새들은 긴꼬리도둑갈매기만큼 사람에 대해 특이 행동을 보이지 않았다. 이러한 차이에는 여러 원인이 있을 수 있겠지만, 내 추측으로는 긴꼬리도둑갈매기의 뛰어난 인지 능력이 다른 새들과의 차이를 만드는 게 아닐까 한다.

도둑갈매기라는 이름에서 '도둑'은 이들이 다른 동물의 먹이를 종종 훔쳐 먹는 습성에서 따왔다. 주로 갈매기Gull나 제비갈매기Tern 같은 새들을 쫓아서 부리에 물고 있는 물고기를 빼앗거나 토하게 만들어 먹이를 훔쳐 먹는다. 이런 행동을 절취기생Kleptoparasitism이라고 부르는데, 거미의 먹이를 훔쳐 먹는 파리나, 치타의 사냥감을 빼앗는 하이에나도 절취기생을 하는 대표적 동물이다. 특히 갈색도둑갈매기는 코끼리해표의 어린 새끼에게 가까이 다가가 이들을 공격해 모유를 토하게 한 뒤, 그 토사물을 먹기도 한다. 이런 절취기생은 인지 능력이 높은 동물들에게서 많이 관찰된다. 스스로 먹이를 찾는 것이 아니라 다른 동물의 먹이를 빼앗기 위해선 상황을 파악하고 인지하는 능력이 필요하다.

과연 긴꼬리도둑갈매기는 사람을 알아보는 걸까? 만약 알아볼 수 있다면 어떤 단서를 통해 구분하는 걸까? 까치나 까마귀같이 사람 가까이에서 살아온 새들이 인간을 구분할 수 있다는 연구는 꽤 있었다. 대학원 시절 까치를 연구했는데, 둥지에 올라가 알과 새끼를 조사하고 나면 그다음부턴 근방을 지나가기만 해도 날 알아보고 공격하곤 했다. 둥지에 오지 않았던 친구를 데려다 같은 옷을 입고 서로 다른 방향으로 걸어가보았을 때도, 까치들은 여전히 날 따라왔다. 내 얼굴을 알아본 것일 수도 있고, 내 걷는 모양새를 보고 눈치챈 것일 수도 있다. 새들의 입장에서 생각해보면, 어떤 사람이 자기에게 해가 될 수 있는지 판별하는 것은 생존에 중요한 기술일지도 모른다. 반대로 먹이를 주고 도움을 줬던 '착한' 사람을 기억해뒀다가 계속 이득을 바라는 것도 유용한 전략이 될 것이다.

까치와 까마귀처럼 인가 주변에서 오랫동안 살아온 동물들에겐 특정한 사람을 알아보는 것이 중요한 일이었을 수도 있지

관악산의 까치들은 둥지에 올라가서 새끼들을 괴롭히는 나를 싫어해서, 내가 길을 지나가기만 해도 날아와 부리로 쪼며 공격하곤 했다.

만, 원주민조차 살지 않는 고위도 북극의 동물들에게 사람을 식별하는 능력은 적응의 측면에서 크게 도움이 되지 않아 보인다. 하지만 남극에서의 경험을 돌이켜보면, 남극반도 세종기지 부근에 사는 갈색도둑갈매기들은 둥지에 오는 사람을 쉽게 구분하고 공격적인 행동을 보였다. 인간과 멀리 떨어져 살아온 남극의 야생 동물들도 까치나 까마귀와 마찬가지로 인간을 개체수준에서 구분했다. 만약 북극에 있는 도둑갈매기들 역시 높은 수준의 인지 능력을 갖추고 있다면 짧은 기간 동안 사람을 구분하는 게 가능하지 않을까?

남극에 사는 도둑갈매기는 펭귄과 인연이 깊다. 남극 세종기지 인근에 있는 젠투펭귄과 턱끈펭귄 번식지엔 갈색도둑갈매기들이 산다. 보통은 바다에서 물고기를 먹다가 남극의 여름이되면 펭귄 번식지 인근에 둥지를 짓고 펭귄의 새끼를 사냥해서 자신의 새끼를 키운다. 몸무게로 따지면 펭귄이 두 배 이상 더많이 나가지만, 작정하고 덤비는 도둑갈매기로부터 알과 새끼를 지키기란 쉽지 않다. 이곳에서 매년 5000쌍이 넘는 펭귄이 번식을 하는데, 일고여덟 쌍의 갈색도둑갈매기가 이 지역을 관리한다.

한편, 북극에 사는 도둑갈매기는 레밍을 먹이로 삼는다. 북극생태계에서 레밍의 개체수는 매년 주기적으로 변동한다. 따라

남극 세종기지 인근의 갈색도둑
갈매기 역시 둥지에 와서 새끼들
을 괴롭히는 특정 사람을 알아
보고 공격적으로 반응했다.
ⓒ 한영덕

서 레밍에 크게 의존하는 도둑갈매기는 레밍의 숫자가 적을 때
는 번식을 하지 않고 그해를 건너뛰기도 한다. 그린란드에서는
거의 4년을 주기로 레밍의 숫자가 최대치에 이르는데 이 시기
가 되면 긴꼬리도둑갈매기의 번식 성공률도 최대치가 된다. 레
밍을 먹이로 삼는 건 긴꼬리도둑갈매기만이 아니라 흰올빼미
와 북극여우도 마찬가지여서 이들도 레밍의 개체수에 번식 주
기를 맞춘다.

공간: 동물들의 경계선

혼자 다닐 땐 늘 혹시 모를 일에 대비한다. 한쪽 어깨엔 실탄이 들어 있는 장총을 메고, 바지 주머니엔 경고 사격용 권총을 찬다. 만약 북극곰을 만난다면 우선 경고 사격을 해서 쫓아내야 한다. 동물원에 있는 북극곰은 우리에 갇혀 있어 안전하지만, 야생에 있는 북극곰은 전혀 그렇지 않다. 거대한 육식동물인 북극곰 앞에서 인간은 작은 먹잇감 내지 장난감일 뿐이다. 다행스럽게도 내가 있는 곳은 북극곰이 관찰된 적이 없는 지역이다. 여름에도 바다가 얼어 있기 때문에 물범이 살지 않는다. 그렇기 때문에 물범을 먹이로 하는 북극곰도 이곳에 오지 않는다. 하지만 최근 북극에서 해빙이 빠르게 녹고 있기 때문에 머지않은 미래에는 이곳에서 북극곰이 관찰될지도 모를 일이다.

오전 내내 토끼 무리 옆에 무릎을 꿇고 앉아 기다렸다. 이제껏 북극토끼는 쉽사리 접근을 허용치 않았다. 특히 사향소와 마찬가지로 혼자 다니는 북극토끼는 무리에 있을 때보다 더 민감하다. 먹는 동시에 주변  경계를 스스로 해야 하기 때문에 접근을 허용하는 거리를 넓힌다. 보이지 않는 경계선이 느껴진다. 그 안에선 자유롭게 뛰어 놀지만, 다른 무언가 선을 넘어 들어오면 그 순간 태세를 바꿔 뒷걸음질해 다시 공간을 확보한다. 카메라에 총까지 들고 다니는 나로선 토끼를 가까이에서 관찰하는 게 여간 어려운 일이 아니다. 시간을 들여 조금씩 다가가는 방법밖엔 없다.

나와 토끼 사이의 팽팽한 줄다리기가 시작됐다. 내가 한 걸음 앞으로 다가가면 녀석은 한 걸음 뒤로 물러선다. 나는 토끼가 긴장을 풀고 느슨해질 때를 기다렸다가 다시 걸음을 옮긴다. 그렇게 다가가기를 수십 번 반복하고 나자, 불과 10미터 남짓한 거리에 토끼가 있다. 녀석은 어느새 달려와 내 발 언저리까지 왔다. 사진을 찍기에도 너무 가까운 거리다. 가까이서 보니 어떤 풀을 먹는지도 보인다. 북극 동토에 널리 분포하는 씨눈바위

북극토끼는 두 발로 서서 주위를 살핀다. 뒷다리가 매우 길어서 마치 캥거루처럼 두 발로만 뛰기도 한다. 종종 먹이를 먹다가 기지개를 켜고 발을 다듬을 때면 발 틈 사이로 네 개의 커다란 발톱이 드러난다.

ⓒ Jakob Vinther

씨눈바위치를 먹는 북극토끼. 사람의 접근에 놀라 먹고 있던 풀을 떨어뜨렸다.

© Jakob Vinther

취Drooping Saxifrage와 다발범의귀Tufted Saxifrage다. 씨눈바위취는 백두산에서도 자라는 식물인데 북극토끼가 즐겨 먹는다는 사실은 이번에 처음 알게 되었다.

순간 날카로운 긴꼬리도둑갈매기의 울음소리가 났고, 토끼는 놀라 도망간다. 그동안의 기다림이 물거품이 되어버렸다. 나는 허망하게 토끼의 뛰어가는 뒷모습을 바라본다.

북극토끼를 쫓다 보니 나도 모르게 도둑갈매기 영역 안으로 들어와버렸다. 북극토끼는 떠났지만 그 대신 긴꼬리도둑갈매기를 매우 가까이에서 볼 수 있을 것 같은 느낌이 든다. 카메라를 조심히 들고 몸을 낮춰 한쪽 무릎을 꿇고는 한 걸음 한 걸음 조심스레 다가간다. 한 시간 정도 조금씩 거리를 좁히다 보니 3미터 거리까지 왔다. 작정하고 뛰어가면 한 손으로 녀석을 움켜쥘 수도 있을 것 같다. 이제 몸을 더 낮춰 아예 땅바닥을 기어가기 시작한다. 새를 정말 잡을 생각은 아니다. 하지만 더 가까이에서 보고 싶은 마음에 나도 모르게 몸이 슬금슬금 움직인다. 오늘 하루는 사진을 찍도록 허락된 걸까. 깃털 한 올까지 선명하게 보인다. 갑자기 고개를 돌리더니 내 쪽을 본다. 호기심 가득해 보이는 까만 눈이 나에게 고정되어 있다. 그러곤 한참을 응시하다가 흥미가 떨어졌다는 듯 날아올랐다. 내가 새를 관찰했다고 생각했는데, 가만히 생각해보니 새가 나를 관찰한 게 아닌

장거리 비행에 적합해 보이는 좁고 긴 날개.

머리 위쪽은 검고 아래쪽은 연한 노랑빛이다.

뾰족하고 날렵한 부리.

몸통 길이만큼 긴 꼬리.
이름처럼 꼬리가 길어 멀리서도 잘 보인다.

긴꼬리도둑갈매기 연필 스케치.

한순간 긴꼬리도둑갈매기가 경계를 허물고 내게 공간을 허락했다.

가 싶다.

긴꼬리도둑갈매기가 앉아 있던 작은 바위 위에 레밍의 뼈 잔해가 모여 있었다. 아마도 레밍을 사냥한 후 앉아서 먹이를 먹는 식탁 같은 곳인 듯하다. 보통 지금 같은 번식 기간엔 주로 레밍을 먹지만, 그 외에도 곤충부터 열매까지 다양하게 먹는다. 긴꼬리도둑갈매기의 번식은 대개 6월 초에 시작되며, 보통 두 개의 알을 낳고 3주 정도 품으면 새끼가 태어난다. 번식이 끝나 먼바다를 따라 이동할 때는 대양에서 물고기 같은 먹이를 구한다.

캠프 서쪽 작은 연못가에 암컷과 수컷 사향소 두 마리가 나란히 앉아 있다. 약 1킬로미터 밖에서 맨눈으로 봤을 땐 커다란 바위 두 개가 놓여 있는 줄 알았다. 조금 더 가까이 다가가 카메라를 꺼냈는데, 사향소는 벌써 눈치를 채고 일어나 쫓기듯 달려간다. 겨우 작은 손동작을 취했을 뿐인데, 정말 눈치가 빠른 동물이다.

아침에 조사를 나오기 전 개인용 텐트 입구에 책 한 권 크기의 태양광 전지판을 걸어두고 휴대전화를 연결시켜놓았다. 신호가 잡히지 않아 전화를 걸 수는 없지만, 전화기에 저장된 음악을 들을 수 있다. 하루 종일 동물들을 쫓다 보면 나도 온몸에

힘이 들어간다. 북극의 토끼처럼 신경이 곤두서서 작은 바람 소리에도 뒤를 돌아보게 된다. 저녁 무렵 조사를 마치고 텐트에 들어오면 간단히 겉옷만 벗고 침낭 속에 번데기처럼 들어가 이어폰을 꽂는다. 시끄러운 기타와 드럼 소리가 빠르게 연주되는 노래를 골라 볼륨을 높인다. 강한 전자음이 귀를 따라 흘러 머리와 가슴을 울린다. 세 곡 정도 연달아 시끄러운 음악을 틀어두고 눈을 감고 있으면, 외려 주위가 고요해지는 느낌이 든다. 어깨의 근육이 이완되고 팔과 다리의 관절이 풀어지며 나른한 상태가 된다. 야외를 돌아다니며 방전된 몸과 마음을 충전하는 나만의 의식이다.

한 평 남짓한 텐트 안 공간이 더없이 안락하게 느껴진다. 눈과 귀는 편안해졌지만 어디에선가 퀴퀴한 냄새가 코를 자극한다. 내 몸에서 나는 냄새다. 손톱에는 검은 때가 꼈고, 머리카락은 기름때로 인해 잔뜩 헝클어졌다. 그간 잊고 지냈던 내 모습이 보인다. 같이 캠핑하는 동료들도 비슷한 상태라서 우리는 암묵적으로 서로의 겉모습에 대해 말하지 않는다. 이제 모기가 별로 신경 쓰이지 않게 되었고, 아침이면 꼬박꼬박 화장실도 잘 간다.

산에 오르다

따뜻한 커피를 한 잔 마시고 하늘을 올려다보니 한국의 가을 하늘처럼 파랗고 높다. 일을 한다는 느낌보다는 가을 소풍을 나온 듯 기분이 좋다. 오늘은 조금 멀리까지 가봐야지, 하고는 캠프 동쪽에 있는 산에 오르기로 마음먹었다. 새로운 곳에선 새로운 동물을 만날 수도 있지 않을까 싶은 호기심에 의욕적으로 걸음을 옮겼다. '산'이라고 부르긴 했지만 한국에서처럼 나무가 있고 숲이 우거진 산은 아니다. 평지가 끝나는 지점부터 갑자기 우뚝 솟아 끝이 뾰족한 검은 돌 언덕이다. 정상부엔 하얀 빙하가 아직 녹지 않은 채 그대로 구름과 맞닿아 있다. 그렇다고 엄청나게 높아 보이진 않는다. 까짓것 금방 올라갔다 올 수 있을 것 같다.

하지만 산비탈을 오르기 시작하자 갑자기 경사가 급해졌다. 산 아래서 봤을 때보다 훨씬 더 가파르다. 경사면을 타고 흐르는 바람은 몹시 강해서 몸이 휘청거릴 정도다. 얼었다 녹았다를 반복해서인지 돌은 내 등산화 발밑에서 쉽게 부스러져 아래로 떨어진다. 몇 차례 미끄러지며 위험한 순간을 넘겼다. 결국 나는 최대한 몸을 낮춰 사향소처럼 네발로 천천히 기기 시작했다. 이마에 땀이 송글송글 맺히지만 바람 때문인지 흐르지 않고 금방 마른다. 그렇게 두어 시간 더 산을 오르는데, 산에 오르는 이유가 생각나지 않았다. 이렇게 가파른 돌산에서 만날 수 있는

평지가 끝나고 검은 돌산이 우뚝 솟아 있다.

새로운 동물이 있을까? 동물은커녕 새 울음소리조차 들리지 않는다. 괜히 왔나 싶다. 그냥 내려갈까 하는 생각에 고개를 돌려 산 아래를 향했다. 멀리 피오르드 해안 전체가 내려다보인다. 빙산과 해빙이 어우러진 바다는 하늘빛으로 얼어붙었다. 구름이 만들어낸 그림자가 군데군데 검은 그림을 그렸다. 검붉은 흙 위로 새하얀 눈이 덮인 육지에는 초록빛 생명의 증거들이 여기저기 흩어져 있다. 눈이 녹아 흐르며 만들어진 작은 물이 모여 구불구불 길을 만들었다. 흐린 먹으로 옅게 채색한 동양화 속 풍경이다. 그 풍경 속에 우리가 만든 노란 텐트가 작은 점으로

보이고, 화석 산지에서 돌을 캐는 지질학자들이 개미처럼 움직인다. 정상에 오르면 지금 보는 것보다 더 멋진 풍경을 내려다볼 수 있을지도 모른다. 게다가 이제껏 들인 땀과 시간을 생각하면 도중에 포기한다는 것이 내키지 않는다. 이왕 올라온 김에 꼭대기까지는 가보고 싶다. 나는 다시 마음을 추스르고 앞을 향해 손과 발을 옮긴다. 한두 시간쯤 흘렀을까, 흐르는 땀이 온몸을 적셨다. 산 밑에서 불어오는 바람을 타고 내 몸에서 나는 땀 냄새가 코로 들어온다. 마치 북극 야생동물들의 그것과 닮아가는 듯하다. 정상 부근에 도착했지만, 바람이 너무 세고 마땅히 앉을 곳도 없다. 정상이라고 두 손을 들고 외치며 사진이라도 찍고 싶지만 누구 하나 봐줄 사람도 없다. 그래도 정상인데 커피라도 마셔야지, 하고 보온병을 꺼내 컵에 따랐지만 거센 바람 때문에 뜨거운 물이 얼굴에 튀어 한 모금도 채 마시지 못했다. 그냥 짐을 챙겨 하산을 준비한다.

그런데 정상 부근 커다란 바위 옆에 동물의 배설물 같은 것이 보인다. 연한 회색빛에 길이는 10센티미터, 두께는 3센티미터는 족히 되는 듯하다. 이 정도라면 작은 동물의 것이 아니다. 이 정도 분변을 만들어 내려면 거의 사람의 항문과 대장 정도는 가져야 할 것이다. 손으로 집어 들고 냄새를 맡았지만, 딱딱하게 말라 있어 특징이 느껴지지 않는다. 손톱으로 분변의 한쪽 끝을 부스러뜨려보았다. 레밍의 것으로 추측되는 뼈와 털 잔해

산 정상에서 발견된 회색늑대의
것으로 추정되는 분변.

가 뒤섞여 나온다. 이 정도 크기의 배설물을 만들어내는 포식자
라면…… 생각하다가 나도 모르게 "회색늑대다!" 하고 외쳤다.

회색늑대Grey wolf는 그린란드에서 먹이사슬 꼭대기에 있는 최
상위 포식자다. 특히 북그린란드 지역에선 꽤나 희귀한 존재라
서 문헌 기록이 많지 않다. 비록 이번 야외 조사에 오진 못했지
만, 덴마크에서 늑대를 연구하는 분이 배설물이나 털을 보면 채
취해달라고 했던 부탁이 생각났다. 아직 늑대의 것인지 확실치
는 않지만 지퍼백을 꺼내 분변을 조심스레 담고 날짜와 장소를
꼼꼼히 기록한다. 어서 캠프에 가서 사람들에게 보여줄 생각에
발걸음이 가벼워진다.

양육

수컷 *꼬까도요*는 어린 새끼와 함께 다니며 다른 가족
들과 연합을 이루는데, 서너 마리가 모인 작은 집단에서부터
20~30마리에 이르는 큰 집단까지 다양하다. 며칠 사이 어린 새
들끼리 무리를 이루며 물가 주변에서 작은 벌레나 풀씨를 먹는
모습이 눈에 띈다. *꼬까도요*는 그린란드 동부 해안에도 많이 번
식하는데 봄철 눈이 덮여 있는 면적이 적을수록, 주
요 먹이가 되는 절지동물이 풍부할수록 산란 시
기가 빨라진다고 한다. 번식을 시작하기 전에
'올해는 먹이가 꽤 많겠군. 애들을 빨리 낳아
잘 키울 수 있겠어!'라는 생각이 들면 알

낳는 시기를 당기게 되는 것이다. 물론 꼬까도요 어미가 머릿속으로 그렇게 생각할 리는 없겠지만 먹이 정보가 간접적인 신호로 작용해서 호르몬 분비나 행동에 영향을 줄 수는 있을 것이다. 북그린란드보다 위도가 더 낮은 캐나다 북부에서 알을 품는 꼬까도요를 조사했더니 다른 해양조류에 비해 두 배 가까운 에너지를 소비하며 체온 조절을 하는 것으로 나타났다. 여름철 기온이 낮은 고위도 지역에서 오랫동안 살아온 녀석들에게도 이곳 날씨는 적잖이 스트레스가 되는 모양이다.

세가락도요 어린 새는 부모로부터 독립해 홀로 돌아다니며 먹이를 찾고 있다. 다른 새들보다 더 이른 시기에 솜털을 벗고 깃갈이를 시작해서 이제는 어미와 외양을 구분하기 힘들 만큼

세가락도요 어린 새가 며칠 사이 커서 솜털을 벗고 새 깃털이 나고 있다.

홀쩍 커버렸다. 세가락도요의 짝짓기는 매우 다양한 형태로 나타난다. 보통은 암컷 한 마리와 수컷 한 마리가 짝을 지어 함께 키우지만 어떤 경우엔 일부다처제 혹은 일처다부제를 보이는 부부들도 있다. 네덜란드 연구진들이 그린란드 동북부에 있는 세가락도요 개체군 번식쌍을 6년간 관찰해봤더니 48쌍 가운데 6쌍에서 혼외 수정이 있었고, 새끼를 키울 때도 3분의 2 정도는 암수가 돌아가며 알을 품었지만 나머지 3분의 1은 배우자가 도망가버리는 바람에 암컷이나 수컷이 홀로 양육을 담당했다. 같은 개체군 내에서 이렇게 다양한 번식 전략을 갖는 새는 드물다. 아직 그 원인이 제대로 밝혀지지 않았지만, 우리가 모르는

세가락도요 어미. 다양한 짝짓기
체계를 가지고 있다.
ⓒ Jakob Vinther

환경적 요인으로 인해 세가락도요 부부들 간에 양육 전략의 차
이가 생기지 않았을까 추측된다.

긴꼬리도둑갈매기 부모는 새끼를 데리고 다니며 훈련을 시
키고 있다. 새끼의 몸집은 부모만큼 커졌고 날갯짓도 꽤 능숙해
보인다. 그런데도 새끼는 부모 옆에서 계속 먹이를 달라고 조르
며 따라다니고, 부모는 마치 새끼를 못 봤다는 듯 모르는 척하
며 저만치 날아가버린다. 새끼는 부모를 따라 날아가서 부모의
입을 보며 각각 울음소리를 내고, 부모는 또 날아가길 반복한다.

구름 속을 날아가는 긴꼬리도둑
갈매기.

이런 술래잡기 과정을 보고 있노라면 부모의 모습이 매정해 보이기도 하지만, 훌쩍 커버린 새끼를 위한 양육의 마지막 과정이다.

긴꼬리도둑갈매기는 아프리카와 아메리카 대륙의 남쪽 끝까지 먼 거리를 이동해야 하기 때문에, 비행 연습을 게을리하면 안 된다. 날개를 퍼덕이며 장거리 이동에 맞는 근육을 단련시켜야 하고, 스스로 먹이를 찾는 연습도 해야 한다. 긴꼬리도둑갈매기는 한번 이동을 시작하면 그린란드에서 서아프리카까지 불과 3~5주 만에 1만 킬로미터 정도를 움직이는데, 밤낮으로 하루 900킬로미터를 난다. 사실상 1년 중 10개월 정도는 그린란드를 떠나 있는데, 대부분 육지로부터 멀리 떨어진 바다에서 생활하기 때문에 이들의 삶에 대해서는 알려지지 않은 부분이 많다.

죽음은 삶의 일부로 순환한다

습기 가득한 공기와 어둑한 빛이 을씨년스럽다. 축축한 습지 부근에서 사향소 한 마리가 보인다. 사향소는 검은 점으로 보일 만큼 멀리 떨어진 거리에 있었지만 이미 사람의 존재를 느낀 듯 조심스런 모습이다. 혼자 돌아다니는 사향소는 언제나 조심스럽다. 초식동물이지만 500킬로그램에 달하는 커다란 몸집과 날카로운 뿔을 가지고 있기 때문에 나 역시 조심스럽게 관찰한다.

사향소가 순간 몸을 틀어 나를 향해 바로 선다. 나와 눈을 맞추며 천천히 앞으로 걸어오는 모습에 나도 모르게 본능적인 두려움을 느낀다. 가까운 거리에서 사진에 담고 싶은 마음도 컸지만, 이러다 사향소에게 공격당할 수도 있겠다는 생각에 몸이 뻣뻣해진다. 두려운 마음에 사진 찍기를 포기하고 나도 모르게 뒷걸음질을 쳤다. 혹시 모를 동물의 위협에 대비해 어깨에 메고 있던 총을 매만진다. 녀석은 마치 '더 이상 나를 귀찮게 하지 마' 하고 이야기하듯 내 쪽을 가만히 응시하다가 다시 가던 길을 천천히 걸어간다. 나는 사향소와 반대 방향으로 걸었다.

넓은 초원 지대엔 사향소의 시체가 있다. 종종 오래된 뼛조각들을 본 적은 있지만 죽은 지 얼마 되지 않아 뼈와 근육이 함께

나와 마주친 수컷 사향소.

무덤에 핀 꽃처럼 죽은 사향소를
덮고 있는 북극황새풀 군락.

드러난 사체는 처음이다. 다리 한 쪽이 떨어져 있고, 갈비뼈는 날카로운 것에 의해 긁힌 듯 보인다. 포식자는 떼를 지어 맹렬하게 공격했을 것이고, 사향소는 살아남고자 몸부림치며 더 맹렬히 저항했을 것이다. 누가 그랬을지는 어렵지 않게 알 수 있다. 이곳에서 인간을 제외하고 사향소를 공격할 수 있는 동물은 회색늑대뿐이다. 천천히 말라가는 사체 위로 북극황새풀이 군락을 이루며 하얀 열매를 맺고 있다. 회색늑대와 사향소가 싸운 흔적은 전혀 느껴지지 않는다. 사향소의 커다란 뿔과 치아는 아직 그대로 남아 있다. 꽃밭 위에서 조용히 누워 잠을 자고 있는 듯 평온한 모습이다.

바닥에는 30센티미터 길이의 북극버들Arctic willow 줄기가 하얗게 말라 있다. 난쟁이 식물인 북극버들은 잎이 작고 부드러운 솜털로 덮여 있다. 높이는 기껏해야 10센티미터나 될까. 땅에 붙어 옆으로 기는 형태로 물이 흐르듯 바람이 불듯 구불거리며 자란다. 작고 볼품없는 풀처럼 보이지만 엄연히 버드나뭇과에 속하는 '나무'다. 굵고 단단한 가지가 땅 가까이에서 뻗어나가며 오랜 시간에 걸쳐 천천히 자란다.

나는 죽은 북극버들 가지를 하나 주워들어 단면을 잘랐다. 꼼꼼히 나이테를 세어보니 90개는 족히 넘어 보인다. 지름이 고작 2센티미터밖에 안 되는 가지가 100년쯤 된 고목이었다는 게 쉽사리 믿기지 않는다. 한국에 사는 100년생 은행나무였다면 어른 두 명이 팔을 뻗어야 간신히 안을 수 있는 두께였을 테지만, 북극에 있는 북극버들은 내 집게손가락과 엄지손가락으로 만든 고리보다도 작다. 추위가 반복되고 땅은 얼어 있는 극한의 북극 동토에서 북극버들은 극단적으로 성장 속도를 늦추면서 끈질기게 살아남았다.

북극버들의 나이테.

죽은 북극버들 가지 단면.

텐트로 돌아오는 길, 북극여우 한 마리와 마주쳤다. 북그린란드에 와서 북극여우를 만난 건 처음이다. 짙은 갈색으로 털색을 바꾼 여름형이다. 그리 빠르지 않은 속도로 총총거리며 해안가를 향해 걷는다. 입에는 어린 새를 물고 있다. 요란한 울음소리와 함께 다 자란 긴꼬리도둑갈매기 두 마리가 따라와 위협적으로 날갯짓을 하기 시작한다. 하지만 북극여우는 딱히 당황한 기색 없이 가던 방향 그대로 천천히 걷는다. 마치 '너희가 울든 말든 상관없다. 네 자식은 죽었지만 나는 살아야 한다'고 말하는

듯한 몸짓이다. 누군가 죽어야 누군가 산다. 이게 북극에서만 유효한 명제는 아닐 것이다. 하나의 개체 입장에서 죽음과 삶은 뚜렷한 경계로 나뉘어 있지만, 생태계의 물질 순환이라는 측면에서 보면 그리 대단한 차이가 아니다. 긴꼬리도둑갈매기 새끼의 몸에 잠시 머물러 있던 물질이 북극여우에게 옮겨간 것뿐이니까. 그리고 얼마의 시간이 지나면 그것은 흙으로 내려와 북극버들의 잎에 머물렀다가 사향소의 몸으로 흡수되고 다시 회색늑대에게 건네질 것이다.

북극여우. ⓒ 우주선

인간과 사향소

오늘은 북극에 온 이래 처음으로 샤워를 했다. 열흘 만이다. 이만큼 오랫동안 씻지 않은 건 태어나서 처음인 듯싶다. 하지만 춥고 건조한 날씨 탓인지 예상했던 것만큼 그리 역겨운 냄새도 나지 않고 몸이 근질거리지도 않았다.

여기서 쓰는 물은 무척 차다. 담수는 빙하가 녹아 흐르는 물뿐이다. 처음 한 번은 개울에서 머리를 감아보려다가 두통이 올 정도로 차가워 포기했다. 요리할 때 쓰는 냄비에 물을 한 솥 퍼다 가스로 끓이고 찬물과 섞어 미지근하게 만들어 간이 샤워기에 물을 채웠다. 간이 샤워기엔 샤워 호스와 함께 공기펌프가 달려 있어서 발로 밟으면 조금씩 물이 뿜어져 나온다. 처음 사용해봤는데 나름 쓸 만했다. 간신히 혼자 서 있을 만한 텐트 안에서 오들오들 떨면서 샤워를 했지만 오랜만에 따뜻한 물이 몸에 닿으니 기분이 좋았다. 물이 여유 있게 준비된 게 아니어서 군대 훈련소에서처럼 5분 만에 대충 머리와 몸에 비누칠을 하고 물로 씻어냈다. 샤워를 하고 나니 조금은 몸이 가벼워진 기분이다.

날씨 때문에 야외 조사를 나가지 못하고 캠프에 남아 있는데, 사향소 세 마리가 캠프 주변으로 다가왔다. 이참에 드론을 이용해 사향소의 행동 반응을 실험하기로 했다. 사향소가 드론에 대해 얼마나 민감하게 반응하는지를 측정하기 위해 50미터에서부터 시작해 높이를 조금씩 낮추었다. 사향소들은 요란한 소리를 내는 날개 달린 물체의 접근이 달갑지 않은 것 같다. 드론이 가까이 다가오자 녀석들은 서로 엉덩이를 맞대고 방어 태세에 들어갔다. 나는 드론을 작동시키는 동시에, 사향소의 행동을 캠코더로 기록했다. 얼마나 가까이 갔을 때 행동에 변화가 생기는지를 기록해서 분석할 예정이다. 포유류 중에선 사향소를 정했고, 조류 가운데선 분홍발기러기를 대상으로 행동 반응을 측정 중이다. 테스트를 하기에 적당한 무리를 언제 만날지 모르기 때문에 늘 드론을 메고 다닌다.

오늘은 드론이 착륙하던 도중에 갑자기 뒤집어지며 추락하는 바람에 드론 아래쪽에 장착된 카메라에 문제가 생겼다. 완전히 못쓰게 고장나진 않았지만 카메라 각도가 틀어져버렸다. 수리점에 맡길 수도 없는 노릇이라 멍하니 하늘만 바라보며 조종을 제대로 하지 못한 스스로를 책망했다.

드론은 야생동물을 관찰할 유용한 도구가 될 수도 있지만, 자칫 잘못하면 동물들에게 큰 스트레스를 주는 사람들의 장난감이 될 수도 있다. 최근 아프리카 사바나와 같은 넓은 초원 지대나 남극, 북극의 극한 지대에서는 드론이 요긴하게 쓰이고 있다. 하지만 드론의 비행과 그로 인한 소음이 야생동물에게 실제로 얼마나 영향을 미치는지에 대해서는 심도 있게 연구되지 않았다. 남극의 독일 연구진들이 아델리펭귄 번식지에서 드론을 이용해 접근해보니, 20미터 이하로 내려가면 거의 모든 펭귄이 드론에 대해 경계심을 나타냈다고 한다.

내가 드론을 직접 날리며 관찰해보니 사향소는 무리 지어 있을 때보다 혼자 있을 때 특히 드론에 예민했고, 수직보다는 수평으로 접근했을 때 더 큰 영향을 받는 것처럼 보였다. 대략 50미터 정도 거리까진 괜찮아 보였지만, 그보다 더 가까이 날아가면 사향소들은 경계심을 나타내기 시작했다. 이런 관측 결과들이 쌓인다면 연구자들이 드론을 사용할 때 접근 가능한 거리에 대해 가이드라인을 줄 수 있을 것이다.

사향소들은 초식동물로 꽤 예민한 성격을 가지고 있다. 무리

가 위험에 처했다고 판단되면 새끼를 등지고 원을 만들어 방어하는데, 이런 행동은 늑대의 공격을 막기에 효과적이다. 하지만 이러한 행동이 총을 들고 사냥하는 인간들에겐 오히려 쉬운 표적이 되었고, 20세기 초엔 알래스카에 있는 야생 사향소 개체군이 완전히 사라졌다. 그 후 인간들은 사향소를 가축으로 만들고자 했다. 하지만 광활한 초원을 누비던 녀석들은 작은 울타리 안에서 쉽게 길들여지지 않았다. 재러드 다이아몬드는 『총, 균, 쇠』에서 가축화의 까다로움을 두고 '안나 카레니나의 법칙'이라고 이름 붙였다. 톨스토이의 소설 『안나 카레니나』의 첫 문장에서 착안한 것인데, 그 원문은 이렇다. "행복한 가정은 모두 엇비슷하고 불행한 가정은 불행한 이유가 제각기 다르다." 식성, 성장 속도, 사회구조, 성격 등의 조건 가운데 하나만 만족시키지 못해도 가축화는 실패한다. 유전학과 품종 개량에 대한 과학적 지식이 쌓이면서 사향소의 가축화가 다시 진행되었고, 미국 알래스카에서는 사향소의 고기와 털을 새로운 농가 소득원으로 여겨 1950년대부터 대규모 농장이 운영되고 있다. 인간의 손길에 저항하던 사향소는 끝내 가축이 되어 갇히고 말았다.

북극 해빙의 나비효과

며칠째 내린 비 때문에 젖은 등산화가 마르지 않는다. 양
말도 손빨래해서 어제 텐트 안에 널어놓았는데 방금 빤 것처럼
축축하다. 이곳은 한국에서 예상했던 것보다 훨씬 더 춥고 습하
다. 북극이긴 하지만 그래도 여름이라 괜찮겠거니 생각하고 가
져온 반팔 셔츠와 반바지는 아직 꺼내보지도 못했다. 혹시나 하
는 마음에 수영복도 하나 챙겼는데 그대로 한국에 다시 가져가
게 생겼다. 내 예상은 완전히 빗나갔다. 여름이니까 당연히 따
뜻할 거라고 생각했다. 그래도 북극인데 수영복을 챙겨 오다니.
보기만 해도 추워지는 것 같다. 겉옷이라고는 바람막이 점퍼 하
나만 가져와서 매일 그 옷만 입고 있었는데 다행히 주선이 털

달린 후드 점퍼를 하나 빌려줬다. 태윤은 등산 양말 두 켤레를 줬다. 한국에 돌아가면 양말을 빨아 돌려주겠다고 하니 그냥 가지란다. 고마운 사람들이다.

오후 무렵부턴 비가 눈으로 바뀌었다. 텐트 밖으로 얼굴을 내밀자 하얀 눈꽃송이가 날려 머리 위에 쌓인다. 벌써 세상은 온통 하얗게 변했다. 종소리만 울리면 크리스마스 분위기가 날 것 같은 꽤 낭만적인 풍경이다. 야코브와 주선은 이미 카메라를 들고 사진을 찍고 있다. 나도 얼른 다시 텐트로 들어가 카메라를 챙겨 풍경을 사진에 담는다. 북극에서 맞는 8월의 크리스마스. 불과 하루 만에 여름에서 겨울이라니. 이것이 북극이다. 하지만 한여름에 맞는 눈을 쉽게 납득할 수 없어 인지부조화가 일어난 건지, 지금 내가 맞고 있는 게 진짜 눈이라는 사실이 아직도 피부에 와닿지 않는다. 눈이 따뜻할지도 모른단 생각에 혀를 갖다 대보니 차가운 얼음 결정이 입안에서 녹는다. 당연한 얘기지만, 내가 알고 있는 한국의 겨울눈과 똑같다.

온도계는 영상 1도와 2도 사이를 가리키고, 입에선 한겨울처럼 입김이 나온다. 저녁을 먹고 자정이 되어 개인 텐트로 들어왔다. 추위를 녹일 만한 방한 용품이라곤 침낭뿐이지만, 침낭 속에 있으면 견딜 만하다. 영하 10도에서도 견딜 수 있도록 거위 털 1200그램이 들어 있는 특수 침낭이다. 추위에 맞설 수 있게 적응한 거위 덕분에 털 없는 영장류도 추위를 이겨낼 수 있게 되었다. 침낭 속에 몸을 웅크리고 누워 잠을 청하지만, 눈과 비가 뒤섞인 물방울이 텐트에 떨어져 그 소리는 점점 커진다. 시곗바늘 소리처럼 일정하지도 않고, 불규칙하게 부딪히는 마찰음이 계속 귀를 괴롭힌다. 결국 한 시간가량 뒤척이다 다시 텐트 밖으로 나왔다.

위성 통신으로 확인한 기상예보에 따르면 내일 모레까진 계속 춥고 눈이나 비가 내릴 거라고 한다. 날씨 때문에 나가지 못한 날이 족히 일주일은 되는 것 같다. 이러다간 계획했던 야외 조사를 다 못할 것 같아 걱정이다. 아르네도 당황한 모양인지 예전에 왔을 땐 이런 일이 없었다며 연신 원망스런 얼굴로 하늘을 살핀다.

한국도 전에 없는 무더운 날씨가 계속되고 있다고 하던데, 지구온난화로 인한 기상이변이 전 세계적으로 일어나고 있는 듯싶다. 그린란드에서 번식하는 붉은가슴도요는 지난 30년간 북극의 해빙기가 앞당겨지면서 어미가 알을 낳는 날짜도 매년 빨라지고 있다고 한다. 이른 시기에 부화한 새끼는 부모로부터 충분한 먹이를 받아먹지 못한다. 부모는 새끼에게 줄 음식을 찾아 돌아다니지만 먹이가 될 만한 곤충을 찾기 힘들다. 결국 붉은가슴도요 새끼는 영양 부족으로 인해 몸집이 작아졌고 이듬해까지 살아 있을 확률도 낮아졌다.

하늘에선 눈이 내리고 있지만 해안가 얼음은 오히려 많이 녹

갑자기 내린 눈에 캠프가 하얗게
덮여버렸다.

은 상태다. 야코브와 아르네의 말에 따르면 5년 전엔 바다가 거의 얼음으로 덮여 있었다고 했는데, 올해는 해안가 부근 얼음이 절반 가까이 녹았다. 해빙은 본래 여름에 조금 녹았다가 겨울엔 다시 그만큼 얼어붙는 일을 반복한다. 그러던 것이 최근엔 너무 많이 녹아서 문제가 되고 있다. 1970년대까지만 해도 8월의 북극해 해빙 면적은 약 800만 제곱킬로미터였는데, 그 후로 빠르게 감소해 2012년에는 400만 제곱킬로미터로 줄었다고 한다. 절반 가까이 감소한 셈이다. 면적만 줄어든 게 아니라 두께도 그만큼 얇아졌고, 지금도 매년 해빙 면적이 줄어들고 있다. 해빙이 줄면 본디 얼음이 반사하던 태양열이 줄어들고 바다에서 그 에너지를 흡수하기 때문에 북극의 온도는 더 상승하고, 더 많은 해빙이 녹는 '얼음 반사 피드백'이 일어난다. 기후학자들의 예측에 따르면 앞으로 30년 이내에 북극의 여름철 해빙은 사라질 것이라고 한다.

해빙이 사라지면, 북극곰처럼 해빙에서 먹이를 사냥하는 동물들이 제일 먼저 영향을 받으며 북극 생태계가 변한다. 기후변화는 남극에서도 가장 큰 이슈가 되는 문제다. 지구온난화가 가장 빠르게 일어나는 곳 중 하나가 남극반도인데, 여기엔 아델리펭귄, 턱끈펭귄, 젠투펭귄이 살고 있다. 그중 아델리펭귄과 턱끈펭귄은 해빙에 의존적인 먹이활동Sea-ice dependent foraging을 하는 종이다. 해빙 아래에 있는 크릴을 주로 먹기 때문에 해빙의 감

해빙이 녹은 바다의 모습.

소는 크릴에게 영향을 끼치고 결과적으로 크릴을 먹이로 하는 펭귄들도 타격을 받는다. 반면 해빙에 의존적이지 않은 젠투펭귄은 오히려 숫자가 증가하는 추세다. 크릴 대신 다른 물고기나 오징어도 잘 먹기 때문에 해빙의 감소와 관계없이 먹이원을 다양하게 바꿔가며 대응하기 때문이다.

해빙의 감소는 북극의 동물들에게만 영향을 미치는 게 아니다. 실제 인간의 삶에 있어서도 매우 중대한 문제가 된다. 해수면 상승으로 인해 투발루나 몰디브 같은 산호섬으로 이뤄진 국가들은 사라질 위기에 처해 있다. 그리고 북극 해빙이 감소하면 건조한 대기에 수분이 많이 유입되어 평소보다 많은 눈이 내린다. 따라서 눈이 내린 지역은 가을과 겨울에 더 추워진다. 결국 북극의 해빙 감소가 우리나라의 겨울 한파로 이어진다.

기후학자들은 북극을 가리켜 탄광의 카나리아에 비유하기도 한다. 탄광을 따라 내려가는 동안 산소가 얼마나 부족한지 확인하기 위해 카나리아를 들고 내려갔던 광부처럼, 온난화가 어느 정도의 위험 수위에 달했는지 알기 위해선 북극의 기후가 어떻게 변하고 있는지 알아야 한다. 특히 그린란드는 내륙이 대부분 빙하로 덮여 있어서, 북극의 여러 지역 가운데서도 중요한 지표가 된다.

어느덧 가을

예보대로 밤새 눈이 왔고, 오후 네 시인 지금도 눈이 내린다. 그리고 앞으로도 당분간 눈이 온다는 예보다. 이런 날씨가 계속된다면, 비행기가 뜨기 어려워져 원래 일정보다 귀국이 더 늦어질지도 모른다. 너무 오래 미뤄지지 않기를 바랄 뿐이다.

처음 눈이 왔을 땐 8월에 보는 눈에 감탄하며 사진과 동영상을 찍어댔지만, 지금은 감탄이 걱정으로 바뀌었다. 텐트 밖 날씨를 확인하고 있다. 밤사이 바람 소리와 눈 오는 소리에 새벽 네 시까지 잠을 한숨도 이루지 못했다. 텐트가 바람에 날려 북극 하늘을 떠도는 건 아닌가 싶을 정도로 강한 눈보라였다. 어제 찍은 사진들을 확인해보니 내가 눈으로 본 만큼 아름답게

북극버들의 단풍.

느껴지지 않는다. 오히려 자연의 혹독함이 드러난다. '위잉 위잉'
매섭게 몰아치는 북극의 바람 소리를 듣다 보면 남극 세종기지
가 떠오른다. 남극과 북극은 지구 정반대에 있지만 바람 소리가
꼭 닮았다.

　북극은 지금 가을이다. 북극버들 잎은 갑자기 붉게 노을이 지
더니 단풍이 들었다. 이미 겨울이 임박했음을 알고, 서둘러 잎
을 떨구고 씨를 날리려 했던 것이다.

　텐트 바닥에 있는 풀 사이에서 거미 두 마리가 나타났다. 추
위 때문에 따뜻한 곳으로 기어들었나 보다. 체온을 일정하게 유

겨울이 다가오는 걸 알았는지 추
위를 피해 텐트 구석으로 곤충
들이 나타났다. 사진은 표범나비
와 늑대거미.

지하지 못하는 곤충들에게 겨울은 큰 시련이다. 서둘러 알을 낳
아 내년을 준비해야 한다.

꼬까도요 한 쌍이 캠프 주변으로 날아와 내가 보고 있는 것
도 모른 채 열심히 땅바닥에서 뭔가를 쪼아 먹는다. 아마도 풀
씨나 작은 곤충들을 먹는 것으로 보인다. 분홍발기러기 한 무리
는 근처 개울가에서 풀과 조류를 먹고 배설물을 잔뜩 남겨놓았
다. 무리가 점점 더 커지고 있는 듯하다. 많이 모일 땐 100마리

무리 지어 날아가는 분홍발기러기.

© 박태윤

이상이 모여 비행을 한다.

좀처럼 모습을 드러내지 않던 레밍을 만났다. 북극여우나 긴 꼬리도둑갈매기 같은 포식자를 피해 굴을 파고 숨어 지내기 때문에, 그간 한 번도 본 적이 없었다. 그런데 북극여우가 자주 관찰되던 지대의 작은 구멍들 틈으로 레밍이 고개를 내밀고 나왔다가 순식간에 다시 들어갔다. 이 자리에 내가 아닌 북극여우가 있었다면, 녀석은 벌써 북극여우의 배 속으로 들어갔을 것이다. 위험을 무릅쓰고서라도 분주히 굴 밖으로 드나드는 걸 보면, 레

레밍 한 마리가 굴 밖으로 몸을
내밀었다.

밍 역시 다가올 추위가 두려운 모양이다. 더 추워지기 전에 먹을거리를 확보해두어야 할 테니 말이다. 레밍의 모습에서 다급함이 느껴진다.

북극여우는 주요 먹이원이 무엇이냐에 따라 레밍을 먹이로하는 '레밍여우' 개체군과 해안가를 따라 새의 알이나 죽은 시체를 먹는 '해안여우' 개체군으로 나뉜다. 레밍여우들은 주로유라시아, 북아메리카에 분포하며 먹이의 대부분이 레밍이다. 레밍 개체군은 해마다 변동이 심하기 때문에 레밍여우들도 그에 따라 번식률이 바뀌고, 먹이 환경이 좋지 않으면 레밍을 찾아 먼 거리를 이동한다. 해안여우들은 아이슬란드, 스발바르, 서북그린란드 등의 해안가를 따라 조류 번식지에서 먹이를 찾는다. 레밍여우들에 비하면 상대적으로 안정적인 편이고 이동 거리도 짧다. 북극여우는 식육목Carnivora 중에서도 한배 새끼 수가 가장 많다. 최대 18마리까지 낳고 해마다 새끼 수의 변동이 크다. 레밍여우들처럼 먹이원의 양이 크게 변하는 개체군에서는 해마다 낳는 새끼의 수도 변이가 심하다. 이것을 일명 '잭팟 가설Jackpot hypothesis'이라고 하는데, 그해 레밍의 수가 폭발해 '잭팟'이 터지면 북극여우도 새끼를 많이 낳아 번식률을 최대치로 높일 수 있다는 것이다. 잭팟이 터졌을 때 제대로 회수하지 못한다면 북극여우에겐 큰 손해다. 결국 북극여우의 새끼 수 변동은 먹이 환경이 좋을 때 많은 수의 새끼를 최대한 길러내기 위한 진화 전략이다.

동물들은 지금 어떻게 추위를 견디고 있을까? 그들에겐 흔히 있는 일상의 한 부분일까, 아니면 견디기 힘든 시련일까? 고어텍스 등산복에 구스다운 침낭을 준비해도 이렇게 엄살을 떠는 인간보단 낫겠지. 사향소는 온몸을 덮고 있는 두터운 지방층과 털이 있으니 나만큼 추위를 타진 않을 것이다. 그러나 추위를 견딘다 해도 이렇게 눈이 내리면, 땅이 눈으로 덮여 먹이를 찾

북극여우는 여름이 되면 털이 갈색으로 바뀐다. 북극의 어두운 흙 색깔과 비슷해 눈에 잘 띄지 않는다. 몸을 숨긴 채 소리 없이 다가가 굴을 파고 숨어 있는 레밍을 잡거나 조류 둥지를 찾아 알과 새끼를 먹는다.

기 힘들 것 같다. 겨울철엔 지금보다 더한 추위와 어둠이 계속될 텐데, 사향소는 그런 계절을 매년 견뎌내고 있다. 여름 내 저장해둔 몸의 지방을 태워가며 삶을 이어가는 거겠지.

눈과 비 때문에 발전기를 돌리기도 힘들어 컴퓨터를 켜지 못했다. 그래서 어제 저녁부턴 다 같이 큰 텐트에 모여 지내기 시작했다. 시덥잖은 농담을 하거나 주사위 놀이를 하며 긴장을 푸는 데 집중한다. 한국에서 온 서른 살 대학원 학생부터 덴마크에서 온 예순의 교수까지 한데 어울려 이야기를 하다 보니 꽤나 유쾌하다. 주사위 놀이에서 진 사람들이 요리를 하거나 설거지를 한다. 난 주사위 게임엔 소질이 없는지, 연거푸 지는 바람에 내일 요리와 설거지를 예약했다.

화장실로 준비한 간이 텐트는 눈과 바람에 무너져버렸다. 도저히 텐트 밖을 나설 엄두가 나지 않는다. 손발이 시려 1리터 플라스틱 병에 끓인 물을 담아 끌어안았다. 침낭에 물병을 들고 들어가면 큰 도움이 된다. 텐트에 있어도 입김이 나고 코가 시리고 손이 굳어서 일기를 쓰는 것도 귀찮아진다.

지의류, 조류와 곰팡이의 동거

사향소가 자주 머무는 곳에서 커다란 분변 한 덩이를 찾았다. 신선한 분변은 촉촉한 수분기로 인해 표면이 반짝거리고, 진한 갈색빛이 선명하다. 반면 오래된 분변은 수분이 빠져 형태가 일그러져 있고, 군데군데 연한 황토색으로 변색되어 있다. 오늘 찾은 분변은 보통 오래된 게 아닌 듯하다. 어림잡아 족히 2~3년은 넘어 보인다. 흐트러진 모양에 표면은 균류와 이끼로 덮여 있고, 그 틈으로 작은 잎이 싹트고 올라온다. 내 눈엔 보이지 않는 많은 미생물이 달라붙어 유기물을 분해하고 이를 양분 삼아 선태류와 관다발식물이 자란다. 풀이 더 자라 내년쯤이면 사향소가 그 풀을 뜯어먹겠지.

그동안 관심을 기울이지 않고 지나쳤던 지의류Lichen들도 조금씩 눈에 들어온다. 바위에 달라붙어 붉게 퍼져 있는 잔토리아속Xanthoria과 노란색 치즈지의속Rhizocarpon 지의류는 북극에서 핀 화려한 꽃과 같다. 언뜻 선태류인 이끼와 헷갈릴 때도 있지만, 이끼는 습기가 많은 개울가나 연못 주변에서만 제한적으로 보인다.

지의류는 분류상으로는 진균 곰팡이Fungi인데, 곰팡이 안에 조류Algae가 같이 살고 있다. 균사층 아래 조류를 품고 있는 형태다. 그 둘의 관계는 꽤 독특하다. 조류가 광합성을 해서 태양에너지를 고정시키면 곰팡이가 마치 식물처럼 그 결과물을 가져다 쓴다. 곰팡이 입장에서는 조류를 가둬두고 경작 내지는 재배하는 것. 곰팡이는 조류를 이용해 에너지를 만들어낸다. 하지만 조류 입장에서는 곰팡이를 집처럼 이용하고 골격을 가져다 쓰는 셈이다. 조류가 곰팡이를 안식처로 이용하는 것이다. 분리해서 배양을 하면 따로 살 수도 있지만, 함께 있을 때 서로에게 이득을 주는 관계. 곰팡이와 조류는 그렇게 공생한다.

지의류는 북극에서 가장 쉽게 만날 수 있는 생물이다. 극지의 기후에도 잘 적응해 살아왔기 때문에 북극에서 남극까지 지구의 거의 모든 육지에 존재한다. 우리나라에도 대략 300종에 이르는 많은 지의류가 있지만, 그 절대적인 양과 크기가 작아서 눈에 잘 띄지 않는다. 자세히 나무나 바위 표면을 살펴보면 선태

사향소의 분변을 분홍빛 균류와 이끼가 덮고 있다.

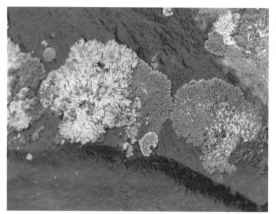

바위에 붙어 자라는 짙은 회색의 엽상지의류 *Physcia caesia*와 오렌지색 잔토리아속*Xanthoria* 지의류.

북극의 땅에 붙어 자라는 페르투사리아속*Pertusaria* 지의류.

류인 이끼 말고도 오밀조밀 붙어 있는 지의류를 만날 수 있다.

한편 지의류는 대기오염에 취약하기 때문에 오염의 척도를 나타내는 지표종으로 알려져 있기도 하다. 진화생물학에서 자연선택 과정의 예로 등장하는 유명한 '나방과 나무껍질의 지의류' 관계에서 등장하는 지의류가 바로 가루지의속*Lepraria*이다. 흰색 나방이 포식자인 새들에게 자신을 숨기기 위해 나무의 가루지의류 표면에 숨었다가, 환경오염으로 인해 가루지의류가 사라지기 시작했다. 지의류를 이용한 흰색 나방의 방어 전략이 실패하면서 흰색 나방의 수는 크게 감소했고, 오히려 지의류가 없는 나무껍질에서 포식자의 눈을 잘 피하게 된 어두운 색의 나방이 증가한 것이다.

극지는 날씨가 쉽게 변한다. 하루에도 여름과 겨울을 오간다. 눈이 내리고 비가 오다가 곧 땅이 굳고 바다가 언다. 덥다가 이내 추워지고, 습하다가 곧 건조해지기 때문에 빠른 변화에 적응하지 못하면 살 수 없다. 지의류는 극지 기후에 멋지게 적응해냈다. 기온이 영하로 내려가면서 춥고 건조해지면 이내 수분을 버리고 버티기에 돌입한다. 수분이 전체의 10퍼센트 미만이 되어도 끄떡없다. 죽은 것 같지만 죽지 않은, 살아 있는 것 같지만 살아 있지 않은 정지 상태다. 그렇게 버티다가 시간이 지나고 다시 살 수 있는 조건이다 싶으면 깨어난다. 수분을 빨아들이고 햇빛을 받아들인다. 자기 중량의 두세 배 정도의 물을 흡

수한다. 비록 1년에 몇 센티미터도 못 자라지만 조금씩 성장을 멈추지 않는다. 극한의 환경에서 자기 몸을 건조하게 만드는 것이 지의류의 생존 전략이다. 나무가 살지 못하는 거친 북극 땅을 이젠 지의류가 가득 뒤덮게 되었고, 나는 의도치 않아도 매일 지의류를 두 발로 밟게 되었다.

새들이 움직이기 시작하다

슬슬 북극에서의 일을 마무리할 시기가 오고 있다. 예정대로라면 사흘 후엔 캠핑을 마무리하고 돌아가야 한다. 계획했던 일을 전부 끝내야 한다는 조바심이 생겨서 요즘은 밤에도 야외 조사를 하고 있다. 밤이라고는 하지만 해가 하늘 위에 떠 있기 때문에 자정에도 정오처럼 밝다.

오늘 관찰한 동물은 모두 먹이를 찾느라 바쁜 모습이다. 분홍발기러기 서른아홉 마리가 떼를 지어 내륙의 물웅덩이 주변에서 열심히 풀을 뜯었다. 어린 꼬까도요 두 마리는 작은 개울가의 같은 자리에서 며칠째 관찰되고 있다. 물가의 돌을 뒤집거나 풀을 헤집고 다니며 곤충을 비롯한 작은 절지동물들을 부리로 쪼아댄다. 긴꼬리도둑갈매기 한 마리는 풀 속에서 나비처럼 보이는 곤충을 잡아먹고 있다. 문헌에 따르면 긴꼬리도둑갈매기 먹이의 9할 정도가 레밍이라고 했는데 작은 곤충들도 사냥하는 것 같다.

아직 8월이지만 북극의 계절은 이미 여름에서 가을로 넘어가고 있어서, 벌써부터 많은 새가 움직이기 시작했다. 매번 관찰되던 긴꼬리도둑갈매기 두 쌍은 아예 자취를 감췄다. 어린 꼬마물떼새와 흰멧새 들은 어른 새들만큼 커서 비행 연습에 열중하고 있다. 하늘을 나는 것이 제법 능숙해져서 꽤 먼 거리를 난다. 이제 가까이서 관찰하기도 힘들어졌다. 짧은 여름 동안은 해가 지지 않고 기온이 올라 먹이가 풍부하지만, 그 시기가 지나면 금세 혹독한 북극의 겨울이 오기 때문에 서두르지 않으면 얼어 죽고 만다. 가을이 더 깊어지기 전에 남쪽으로 이동해야 한다.

북극을 떠난 동물들이 어디로 어떻게 이동하는지는 생태학자들이 가장 궁금해하는 질문이다. 과거엔 새의 다리에 알파벳과 번호가 적힌 작은 고리를 달아주고 나중에 새를 관찰하는 사람들의 눈에 재발견된 기록을 짜 맞추어 대략적인 이동 경로를 역으로 추적했다. 이런 방법은 많은 사람의 관찰을 필요로 하고 충분한 샘플을 확보하기 힘들기 때문에 데이터의 신뢰도가 떨어진다. 최근엔 직접적으로 동물들의 몸에 소형 발신기를 부착하고 거기서 얻은 위성 신호를 분석하여 정확한 위치 정보를 얻는다.

그린란드에서 번식하는 *꼬까도요*와 세가락도요는 8월 가을 철이 다가오면 서유럽과 아프리카 해안까지 먼 여행을 하고 이 듬해 5월경 다시 번식을 위해 그린란드로 돌아온다. 한국에서 도 *꼬까도요*와 세가락도요를 볼 수 있는데, 그린란드와 아프리 카를 오가는 유럽 개체군과는 다른 아시아 개체군이다. 보통은 시베리아에서 번식해 호주까지 이동해 겨울을 보낸다. 호주 연 구진들이 추적장치를 이용해 *꼬까도요*의 이동 경로를 분석해 보니, 4월 호주에서 출발해 7600킬로미터를 쉬지 않고 날아 타 이완에서 10~16일 정도를 쉬고 한국 서해를 경유해 북쪽 시베 리아, 캄차카반도로 이동했다. 몸무게 100~150그램에 불과한 작은 새가 40일 만에 남반구에서 북반구 끝까지 날아간다.

북극에서 가장 먼 거리를 여행하는 동물은 북극제비갈매기 Arctic tern 다. 그린란드에서 번식을 마치고 남극 대륙까지 이동한 뒤 이듬해가 되면 다시 돌아온다. 무게는 125그램을 넘지 않는 작은 새지만 매년 평균 7만 900킬로미터를 이동한다. 지구의 끝 에서 끝까지 한 바퀴를 도는 셈이다. 수명이 30년 정도 되는 걸 감안하면 이들은 평생 240만 킬로미터를 넘게 이동한다. 지구 에서 달까지 세 번을 왕복하는 거리다.

이번 조사 때 적어도 열 마리 이상의 새를 포획해서 위치추 적기도 달고 구강이나 항문에서 미생물도 채집해 한국에 가서 분석해보려 했는데, 아직 새를 한 마리도 잡지 못하고 있다. 어미가 알이나 새끼를 품는 기간엔 비교적 쉽게 새를 잡을 수 있을 거라 생각했는데, 7월 중순 북그린란드에 도착하고 보니 이미 그 시기가 지나 있었다. 예상했던 것보다 성장 시기가 더 빨라서 새끼들은 7월에 이미 훌쩍 커서 날고 있었고, 어미를 잡기도 힘들었다. 아무래도 위치추적기 부착은 포기해야 할 것 같다.

현장에서 연구를 하다 보면 일이 계획한 대로 될 때보다 그렇지 않을 때가 더 많다. 대학원 시절엔 까치의 알 품는 행동을 보겠다고 둥지 안에 온도기록계를 넣어둔 적이 있었는데 그걸 눈치챈 똑똑한 까치들이 전부 물어서 꺼내버리는 바람에 실패하기도 했다. 까치 성체에게 표식을 달기 위해 먹이를 뿌려놓고 낚싯줄로 고리를 만들기도 하고, 그물 안에 박제를 넣어 까치를 유인하기도 했지만 생각처럼 잘 잡히지 않았다. 결국 3년 정도 덫을 놓다가 열다섯 마리도 채 잡지 못하고 포기하고 말았다.

남극에서 펭귄을 연구할 때는 갑자기 눈보라가 심하게 몰아쳐 며칠씩 번식지에 가지 못하고 숙소에 발이 묶이기도 했다. 어쩔 수 없이 애초 계획했던 펭귄 실험을 접었고, 다른 실험 계획들도 바뀌었다. 한번은 펭귄에게 추적장치를 달아놓았는데, 바다에서 물범에게 잡아먹혔는지 펭귄이 돌아오지 않았던 적이 있다. 그 펭귄을 찾아보겠다고 남극을 떠나는 마지막 날까지

까치 덫에 잡힌 개체에는 다리에 색색별 고리를 달아주고 날개에 알파벳 인식표를 달아줬다. 하지만 생각만큼 까치가 잡히지 않아 애를 태우다가 결국엔 까치 포획 계획을 접었다.

까치를 잡기 위해 설치해놓은 덫. 번식기에 까치는 자기 영역 안에 다른 까치가 오는 걸 싫어해 박제를 공격하려고 그물 안으로 들어와서 공격했다.

5000쌍이 넘는 펭귄의 몸을 확인하고 다녔지만 끝내 찾지 못했고 1000만 원이 넘는 고가의 장치를 남극 어딘가에 남겨둔 채 돌아와야 했다.

오늘은 노르 기지의 통신 담당자와 위성전화로 연락을 했다. 우리를 태워줄 비행 편에 일정상 문제가 생겨 예정된 비행기가 아닌 다른 비행기를 타게 되었다고 한다. 올 때와는 달리 아이슬란드 레이캬비크로 가게 될지 모른다. 그렇게 된다면 아이슬란드에서 독일을 경유해 한국으로 들어가는 일정으로 바뀔 것 같다. 한 달 전에 예약했던 비행 일정을 모두 취소하고 새로 예약해야 한다. 태윤이 여행사에 연락을 하고 있는데 휴가철이라 여섯 명의 좌석을 모두 바꾸기는 어렵다고 한다. 북그린란드에 오는 과정도 순탄치 않았지만 나가는 일 역시 쉽지 않다.

등에는 GPS 위치추적기록계, 머리에는 가속도 기록계를 달고 있는 젠투펭귄 어미.

혹한을 견디는 생물

천천히 걷는 동물이라는 뜻의 완보동물Tardigrade은 동물계Animalia에서도 가장 작은 녀석들로 네 쌍의 다리가 있고, 그 크기가 보통 0.5밀리미터에 불과하다. 탐사 팀 중 한 명인 지훈은 완보동물을 연구한다. 근처 지리에 익숙해진 나와 함께 습지나 연못을 찾아다니며 채집망을 들고 물을 뜬다.

"뭐 좀 있어요?" 하고 물었더니, "잘 모르겠어요. 나중에 한국에 살려 가서 뭐가 있나 봐야죠" 하며 멋쩍게 웃는다. 가만 생각해보니 내 질문이 잘못됐다. 워낙 작은 동물이니 보이는 게 더 이상하지 않은가. "한국까지 살려 가져간다고요? 한국 돌아가려면 열흘은 걸릴 텐데 괜찮을까요? 거기다 한국에 갈 때쯤이면 온도가 올라가서 죽을 것 같은데……." "제가 연구하는 애들은 그 정도에 끄떡없을 거예요. 아예 말려서 가져간 다음에 물을 뿌려줄 예정인데, 그러면 금방 살아날 거예요."

나중에 알게 된 사실이지만 완보동물은 해양에서 육상까지 없는 곳이 없고, 기온이 섭씨 100도 가까이 올라가거나 영하 270도까지 떨어져도 생존한다. 진공 상태에서도, 엄청난 고압

지훈이 채집망으로 북극해 바닷속 완보동물을 모으고 있다.

(7.5 GPa)에서도 살아남는다. 심지어 우주 공간에서도, 감마선이나 엑스레이를 쬐어도 죽지 않는다. 지구가 멸망해도 남아 있는 동물이 있다면 완보동물일 것이다. 이들이 극한 환경에 적응한 비결은 극심한 환경에 처하면 몸 안의 수분을 빼고 '툰Tun'이라고 불리는 휴면 상태로 돌입하는 데 있다. 휴면 상태에 있다가 충분한 수분이 공급되고 조건이 맞으면 다시 깨어나 활발히 활동한다. 일본 연구진의 연구에 의하면 30년간 얼어 있던 완보동물을 다시 녹였는데도 살아나 번식을 했다고 한다.

북극에는 내가 연구하는 큰 척추동물 말고도 곤충이나 현미경으로 볼 수 있는 작은 동물들이 있다. 우리가 텐트를 치고 있는 곳 주변에서 우연히 납작한 돌을 들추자, 안쪽 면에 나비나 나방 애벌레로 보이는 벌레가 다가오는 겨울에 대비해 똬리를 틀고 고치를 만들어놓았다. 돌 밑에 숨어서 고치를 만든다고 해도 북극의 춥고 긴 겨울을 무사히 보내기엔 역부족이다. 본래 기온이 영하로 내려가면 세포 내의 수분이 얼어 부피가 커지면서 세포가 터진다. 그래서 극지에 사는 곤충들은 체액이 얼지 못하도록 세포의 글리코겐을 글리세롤로 분해해 어는점을 낮춘다. 북극에 사는 절지동물인 톡토기Springtail는 체내의 수분을 증발시켜 몸 안에서 수분을 아예 없애는 방법을 택했다. 몸 안에 물이 없기 때문에 기온이 내려가도 치명적인 손상을 입지 않는다. 그리고 겨울이 지나면 다시 피부로 수증기를 빨아들여

돌 안쪽에 고치를 만들고 겨울
에 대비하는 벌레.

눈과 얼음 속에서 살아남은 북극
버들과 흰풍선장구채.

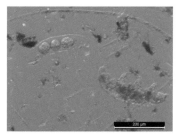

북그린란드 난센란의 개울가에서 채집하고 한국으로 돌아와 현미경으로 촬영한 두 마리의 완보동물. 왼쪽 위의 완보동물은 세 개의 알을 배고 있다.

ⓒ김지훈

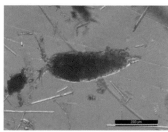

북그린란드 난센란 개울가에서 채집한 요각류. 분류학상 갑각류의 아강에 속한다.

ⓒ김지훈

북그린란드 난센란 습지에 사는 풍년새우.

ⓒ김지훈

북그린란드 난센란 개울가에서 채집한 선형동물.

ⓒ김지훈

원래 상태로 돌아간다.

어쩔 수 없이 제자리에서 고스란히 추위를 견뎌야 하는 바닷속 물고기와 식물 들은 다른 특별한 방법을 고안했다. 세포에 얼음이 생기더라도 그 결정이 자라지 못하도록 막는 물질을 세포 내에 만드는 것이다. 이러한 물질을 '결빙방지단백질Antifreeze protein'이라고 부르는데, 얼음 결정에 결합해서 얼음이 커지는 것을 막는다. 남극과 북극에 사는 극지 어류, 곤충, 식물, 미세조류, 이끼 등에는 이러한 결빙방지단백질이 있어서 영하 40도까지 내려가는 추위에서도 세포가 온전히 유지된 채 얼지 않고 버틸 수 있다.

우리는 야외 조사를 하는 내내 텐트 주변에서 물을 길어다 먹었는데, 물컵 아래에 뭔가 꾸물꾸물 기어 다니는 것들도 보였다. 지금까지 빙하가 녹은 물인 만큼 깨끗하겠거니 생각하고 그냥 마셨는데, 그동안 많은 생명체를 먹고 있었다. 속이 더부룩해지면서 찜찜한 기분이 들었지만 이내 물속에 뭐가 있는지 궁금해졌다. 물웅덩이 안을 자세히 들여다보니 검은 물벼룩Daphnia pulex이 쉽게 눈에 띄었다. 그리고 그 안에는 우리나라 논에도 살고 있는 풍년새우(Anostraca목)도 돌아다니고 있었다. 한국에 돌아와 현미경으로 관찰된 사진 속에는 그 외에도 섬모 꼬리가 있는 윤형동물Rotifera, 기다랗게 늘어진 선형동물Nematoda, 갑각류에 속하는 요각류Copepoda 등도 보였다.

완보동물의 끈질긴 생명력은 이미 잘 알려져 있어 북극에도 많을 거라 예측했지만, 풍년새우나 요각류까지 살고 있을 거라고는 생각지 못했다. 이 동물들도 완보동물처럼 짧은 여름이 지나고 나면 긴 겨울을 보낼 수 있도록 휴면 상태에 들어가거나, 알 또는 유충 상태로 겨울을 견뎌낸다. 분류학적으로 멀리 떨어져 있는 생물들이지만 북극의 극한 기후에서 살아남기 위한 생존 전략은 서로 닮아 있다.

가족이라는 것

꼬까도요 가족이 아침부터 재잘거리며 울어댄다. 부모
와 새끼로 이루어진 네다섯 마리의 집단은 함께 다니며 바닥에
서 작은 곤충이나 풀씨 들을 찾고 있다. 눈은 바닥을 향해 있지
만 끊임없이 작은 울음소리를 내며 서로의 위치를 확인한다. 사
람마다 목소리가 다르듯 새들마다 우는 소리도 조금씩 달라서
이 차이를 개체를 인식하는 수단으로 사용하는 것이다. 행여나
침입자가 나타나면 스타카토의 짧고 높은 위험을 알리는 소리
Alarm call로 주변에 있는 가족들에게 알리기도 한다. 이렇게 새들
이 소리를 내며 대화하는 모습을 보고 있노라면, 그들만의 보이
지 않는 끈끈한 연결 고리가 느껴진다.

저녁 무렵, 이리듐 위성기기로 한국에 있는 아내에게 전화를 걸었다. 사용료가 워낙 비싼 전화이기 때문에 길게 통화를 하진 못하고 짧게 안부 인사만 나누었다. "나 원영이야, 잘 있지?" "응, 나는 뭐 별일 없이 지내. 한국 걱정은 하지 마. 북극은 안 추워? 몸 건강히 잘 있지?" "응, 난 잘 있어. 이제 곧 한국에서 볼 수 있겠다. 조금만 기다려줘." 전화로 이야기한 것처럼 그렇게 건강히 잘 지내고 있진 못하지만, 괜한 걱정을 끼치고 싶지 않아서 자세히 말하지 않았다. 문득 한국에 있는 아내도 나와 비슷한 이유로 태연하게 답했을 거라는 생각이 들었다.

처음 북극에 가겠다고 했을 때, 한숨을 쉬며 "남극 다녀온 지 얼마나 됐다고……"라고 말끝을 흐리던 아내가 생각난다. 결혼한 지 이제 1년밖에 되지 않았지만, 그사이 남극과 북극으로 출장을 다니느라 네 달 가까이 떨어져 지냈다.

야코브도 영국에 있는 아내에게 전화를 했고, 이어서 주선도 한국에 있는 아내와 아이들에게 전화를 했다. 매일 통화하긴 힘들어도, 그리움이 밀려들 때는 짧게나마 목소리를 나누며 다들 마음을 달랬다. 하지만 유독 아르네는 북극에 있는 동안 한 번도 전화를 하지 않았다. 아르네에게 그 이유를 묻자, "나는 원래 현장에 나오면 연락을 하지 않아. 아무런 연락 없이 잠시 서로 떨어져 있는 것도 좋지 않아?" 하고는 웃는다. "그래도 가족들이 걱정하지 않을까?" 하고 재차 물었다. "어차피 곧 있으면 볼 텐데 뭘. 우리 가족들은 나한테서 연락이 없으면 내가 무사히 잘 있으려니 생각하니까 괜찮아. 이제 겨우 3주 지났는걸." 아르네는 담담하게 대답했다.

남극에 있을 때도 기지에선 인터넷 연결이 되기 때문에 간단한 메시지 정도는 매일 주고받을 수 있었다. 이렇게 연락조차 힘든 상태로 가족과 떨어져서 지낸 건 이번이 처음이다. 외국의 한 연구소를 방문했을 때, 나처럼 매년 극지를 오가는 한 동료 연구자가 이런 얘기를 해준 적이 있다. "우리 같은 사람들은 가족에게 큰 빚을 지고 있어. 이런 직업을 이해해주는 건 쉬운 일이 아니라고." 나도 힘들지만 한국에서 더 힘들게 지내고 있을 가족을 생각했다.

북극 극장

예정대로라면 오늘 비행기가 왔어야 했지만 오지 않았
다. 저녁 무렵 궂은 날씨가 계속된 탓에 취소되었다는 연락을
받았다. 태윤은 위성전화를 붙잡고 어렵게 바꿔놓은 비행 일정
을 다시 바꿨다.

야영 마지막 날을 기념하며 먹으려고 아껴둔 삼겹살이 있었
는데, 점심에 꺼내보니 시큼한 냄새가 났다. 시험 삼아 몇 점을
구워 다 같이 맛을 봤는데 아무래도 맛이 심상치 않다. 나는 삼
겹살이 아까워 바싹 구워먹으면 괜찮지 않겠냐며 그냥 먹자고
했지만, 태윤과 주선이 말렸다. 혹여나 식중독에 걸리기라도 하
면 어떡하느냐는 말에 결국 다 버리기로 했다.

자정에도 환한 북극의 밤. 텐트에 점퍼를 매달아 햇빛을 가리고 노트북으로 미국 드라마를 보며 시간을 보냈다.

논문이나 책을 읽는 것도 이제 지겨워졌고, 주사위 놀이도 그만두었다. 야코브가 외장 하드디스크에 미국 드라마를 챙겨왔다며 같이 보자고 한다. 컴퓨터를 켜기 위해선 휘발유로 소형발전기를 돌려서 적어도 다섯 시간은 충전을 해야 하지만, 그 정도 수고를 들이더라도 새로운 오락거리가 필요했다. 컴퓨터를 켜고 보니 자정에도 환해 노트북 화면이 잘 보이지 않는다. 북극의 백야가 여러모로 힘들게 한다. 결국 검정색 점퍼를 텐트에 매달았다. 양쪽 팔 부분을 텐트 천장에 매달고 작게나마 장막을 만들었다. 여전히 빛이 강해 텐트 안이 환하지만 그래도 이제 볼 만하다.

야코브가 챙겨온 드라마는 전설적인 바이킹 '라그나 로드브로크'를 다룬 역사물이다. 야코브와 아르네는 사뭇 진지한 표정으로 드라마에 몰입한다. 나는 드라마에 그리 흥미를 느끼진 않았지만, 미국 사람들이 만든 바이킹 드라마를 바이킹의 후예인 야코브와 아르네가 열중해서 보는 모습이 더 재미있다.

서둘러, 그리고 기다려

"서둘러, 그리고 기다려Hurry up, and wait!" 야코브는 북극에서 이동할 때 꼭 기억해야 할 사항이라며 이렇게 말했다. 야외에서 조사하며 이동을 하다 보면 늘 민첩하게 움직여야 한다. 누가 대신 챙겨주거나 봐줄 수 없다. 하지만 서둘러 준비한다고 빨리 갈 수 있는 건 아니다. 상황이 언제 어떻게 변할지 모르기 때문에 일단 준비하고 대기해야 한다.

아침 무렵 서쪽에서부터 구름이 조금씩 걷히기 시작했다. 위성전화를 통해 노르 기지에 연락을 해보니, 오후 두 시엔 경비행기가 올 수 있다고 한다. 우리는 서둘러 텐트를 접고, 짐을 싸기 시작했다. 여섯 명이 함께 짐을 챙기니 한결 수월하게 느껴졌다. 경비행기가 도착하면 우리를 태워 다시 노르 기지로 돌아가야 하는데, 언제 날씨가 변할지 모르기 때문에 서둘러 타야한다.

막상 짐을 챙기려니 기상이 점점 더 나빠진다. 그런 일은 없어야 하지만, 혹시라도 날씨가 계속 흐려 비행기가 뜨지 못하면 어떻게 될지 상상한 건 나뿐만이 아니었을 것이다. 책 『부분과 전체』에서 베르너 하이젠베르크는 그의 스승 닐스 보어를 포함한 다른 과학자들과 요트를 타고 항해를 하던 중 거친 날씨가 계속되자, 북극 탐험을 떠올리며 대화를 나눈다. "바람 상황이 계속 이러면 비축 식량이 금방 바닥이 나겠는걸. 그러면 우리는 누가 제일 먼저 다른 사람들의 식량이 될지 제비를 뽑아서 정해야 할 거야."

우리가 가져온 식량도 이제 거의 바닥이 났다. 아껴 먹으면 하루 정도는 버틸 수 있겠지만, 그 이상은 힘들다. 오늘은 북극 탐험을 마치고 여기서 나가야 한다. 한국으로 돌아가는 비행기 일정도 벌써 여러 번 바뀌었다. 다들 예민한 상태가 되어 말수가 줄었고, 농담도 잘 하지 않는다. 간간이 빗방울이 떨어진다. 우리는 하늘을 유심히 살피며 제발 비행기가 무사히 오길 간절히 바랐다.

정오쯤 다행히도 노르 기지에서 비행기가 출발했다는 메시지가 도착해 다들 안도의 한숨을 내쉬었다. 텐트와 장비를 모두

짐을 다 꾸리고 나니 우리를 태
울 비행기가 날아왔다.
ⓒ 우주선

싸서 두꺼운 비닐과 천으로 덮고, 다시 끈으로 단단히 조인다.
준비를 거의 마치고 기도하는 마음으로 하늘을 보고 있으려니,
동쪽 멀리서 비행기 소리가 들린다.

아이슬란드 아쿠레이리

그린란드를 떠나 아이슬란드까지 이동하는 길, 그린란드 내륙의 빙하를 지난다. 전체 국토의 85퍼센트가 빙하로 덮인 나라답게 비행기 아래로 보이는 풍경은 거의 눈과 얼음이다. 빙하 곳곳이 녹아 연못이 생기고 물이 되어 흐르는 모습이 눈에 띈다. 그린란드의 빙하는 최근 빠르게 녹고 있다. 지난 20년간 남극과 그린란드의 빙하는 4000기가톤 이상이 녹았으며, 이것이 해수면을 1.1센티미터나 높아지게 만들었다고 한다. 특히 그린란드에서 빙하가 녹는 속도는 남극에서보다 훨씬 더 빠르다.

내륙 빙하를 지나 다시 해안가에 도달하자 해빙과 빙산이 이어진다. 그러다 어느 순간 바다의 얼음이 사라지고 찰랑거리

비행기 창밖으로 아이슬란드 아쿠레이리의 초록색 땅과 나무들이 보인다. 오랜만에 보는 나무가 반갑다.

는 바닷물이 드러난다. 이어서 수목한계선을 지나 남쪽으로 향하자 나무가 보이기 시작한다. 북극에서 보던 짙고 어두운 색이 아닌 선명한 초록빛 육지가 반갑다. 북극을 이야기할 때는 위도 66.6도를 기준으로 삼기도 하지만, 나무가 자라지 못하는 한계선 이북을 북극이라 부르기도 한다. 수목한계선은 여름철 가장 따뜻한 달의 평균 온도가 10도인 지역과 거의 일치하기 때문에 육상 생태계가 발달한 지역에선 이렇듯 생태적인 특징을 이용해 북극을 규정하기도 한다. 나무가 있는 풍경 속으로 아이슬란드

그린란드 내륙 빙하와 빙하가 녹아 생긴 연못.

를 대표하는 퍼핀Atlantic puffin도 날아다닌다. 이제 북극권 밑이다.

아이슬란드 아쿠레이리 공항에 내려 다 같이 저녁 식사를 하러 식당으로 갔다. 매번 정해진 메뉴에 따라 우리 손으로 밥을 해먹다가, 누군가 해주는 밥을 먹으러 오니 긴장이 풀어진다. 레스토랑에서 메뉴를 보는데, 조금 전에 본 '퍼핀' 구이가 있었다. 문득 무라카미 하루키의 책이 생각났다. 하루키의 『라오스에 대체 뭐가 있는데요?』를 보면 아이슬란드 여행담이 나온다. 하루키는 아이슬란드를 대표한다고 할 수 있는 '퍼핀'에 대해 궁금했는지 퍼핀 번식지에 가서 새끼 새와 사진을 찍어 책에 싣기도 했는데, 약간은 엉뚱하게 그의 아내와 함께 레스토랑에서 퍼핀 요리를 시킨 대목이 나온다. 하루키는 그 요리를 먹지 않았지만, 아내는 퍼핀을 먹고는 굳이 다시 먹고 싶진 않다고 말한다. 나는 하루키와 그의 아내의 대화가 생각나 퍼핀 구이는 주문하지 않고, 대신 양고기를 시켰다. 우리는 와인도 몇 병 시켜서 느슨한 마음으로 천천히 저녁을 즐겼다. 이제야 음식 맛이 제대로 느껴진다. 문명의 맛이다.

다들 수염이 덥수룩하게 자랐고, 머리는 헝클어져 있다. 불과 한 달도 안 되는 짧은 기간이었지만 길고 긴 여행을 마치고 돌아온 기분이다. 야코브는 영국으로 가고 아르네는 덴마크로 떠난다. 주선은 북극 다산기지에서 할 일이 남아 스발바르로 떠나

그린란드 북극 탐사를 마치고 아이슬란드 공항에서 헤어지기 전에 찍은 마지막 단체 사진. 왼쪽에서부터 이원영, 우주선, 박태윤, 야코브 빈테르, 김지훈, 아르네 닐센.

고, 태윤과 지훈, 그리고 나는 한국으로 돌아간다. 긴장이 풀리면서 피곤함이 몰려온다. 빨리 집으로 가고 싶은 마음이 간절하지만, 막상 사람들과 헤어지려니 아쉬운 마음이 더 크다. 길 가는 사람을 붙잡고 사진을 찍어달라고 부탁했다. 노르웨이 오슬로 공항에서 처음 만났을 때보다 더 가깝게 붙어서 함께 어깨동무를 했다. 다음에 기회가 된다면 만날 수 있겠지. 돌아가며 한 명씩 손을 맞잡고 진심어린 인사를 나눈 뒤 헤어졌다.

2부

다시,
익숙하고
낯선 땅

두 번째 북극행

핀란드로 향하는 비행기에 올랐다. 검은색 정장 차림의 핀란드인 승무원이 반갑게 인사한다.

'두 번째' 북극행이다. 핀란드 헬싱키를 거쳐 노르웨이 오슬로, 스발바르를 지나 그린란드로 가는 여정이다. 목적지는 지난번과 꼭 같은 곳, 난센란의 J. P. 코크피오르다.

또다시 북극에 가게 될 줄은 몰랐다. 이미 1년간의 연구는 끝이 났고 결과도 모두 정리했다. 한 번으로 연구가 종료되는 것이 아쉬웠지만, 예상했던 일이다. 북극을 추억 속에 간직한 채, 다시 남극에서의 활동을 준비하느라 정신없이 시간을 보냈다.

그러는 사이 태윤은 부지런히 새로운 연구계획서를 준비했다. 좀더 자세한 후속 연구가 필요하다는 얘기가 받아들여졌고, 다행히 북극행이 결정됐다. 지난번에 갔던 사람들이 모두 함께 하기로 했다. 야코브는 영국, 아르네는 덴마크에서 각각 출발해 스발바르에서 만날 예정이다. 야코브와 아르네는 헤어진 이후 한 번도 보지 못했다. 그 후 한국에 다녀갔다는 이야기는 들었는데, 그땐 내가 남극에 있어서 만나지 못했다.

1년 전 북극으로 향하던 비행기 안의 모습이 생각난다. 아이의 울음소리가 아직도 귓가에 맴돈다. 이번엔 비행기 안이 조용하다. 가끔 기침 소리만 들릴 뿐이다. 자리에 앉아 가방에서 노트를 꺼냈다. 북극에서 썼던 야외 기록장이다. 거친 손글씨로 남겨진 메모를 읽으며 그때의 기억들을 차례로 떠올렸다.

처음 갈 때 느꼈던 기대, 동경, 두려움 같은 감정은 이제 많이 사그라들었다. 이미 한 번 몸으로 겪었기 때문에 그동안 내 나름의 방식으로 북극을 떠올렸다. 누군가 "북극은 어떤 곳이죠?"라고 물어오면 "북극은 말이죠……"라고 대답할 수 있게 됐다. 두 번째 가게 된 지금은 반가움이 앞선다. 뜻하지 않게 친구를 재회하는 기분이다. 사향소와 북극토끼들은 추운 북극의 겨울을 잘 보냈을지 궁금하다. 내가 만났던 동물 가운데 몇몇은 죽었을지도 모른다. 그리고 새로 태어난 어린 새끼들도 있겠지. 어서 만나고 싶다.

다시 찾은 노르 기지

노르웨이 스발바르에서 경비행기를 타고 약 세 시간 뒤 그린란드 노르 기지에 착륙했다. 기지 대원 두 명이 활주로에 마중을 나와서 짐 내리는 것을 도와주었다. 그 가운데 한 명은 작년에도 만났던 폴 요르겐센이다. 1년 사이 수염을 잔뜩 길러서 못 알아볼 뻔했다.

"폴, 오랜만이야! 나 기억하지? 잘 지냈어?" 나는 반갑게 인사했다. "물론 기억하지! 다시 만나서 반가워." 폴과 악수를 했다. 손을 어찌나 세게 잡는지 악수를 하고 나니 손이 얼얼했다. "원영, 보여줄 게 있어. 저녁 먹고 숙소로 찾아갈게." 폴은 사진과 영상에 관심이 많아서, 작년에 내가 들고 간 드론과 사진기를 궁금해했다. 그래서 내가 드론 비행하는 걸 알려주기도 하고, 기지 주변을 촬영한 영상과 사진을 건네주기도 했다. 그게 꽤 마음에 들었던 모양이다. 폴은 자기도 똑같은 드론과 사진기를 구입해서 찍었다며 내게 USB를 건넸다.

그 안에는 폴이 노르 기지에서 월동을 하며 촬영한 것들 가운데, 내가 좋아할 만한 동물들의 모습과 기지의 풍경이 담겨 있었다. 레밍, 북극흰갈매기, 참솜깃오리 등을 근거리에서 촬영한 사진들, 기지 근처에 나타난 북극곰의 발자국과 썰매개 사진이 보였다. 사진 자체도 훌륭했지만, 무엇보다 내가 관찰하지 못했던 북극 겨울의 기록이었다. "여긴 레밍이 정말 많아. 내가 사과를 먹다가 버렸는데, 어느새 레밍이 나타나서 그걸 먹고 있었어." 폴은 한 레밍에게 '바닐라'라는 이름까지 지어주었다고 한다. "북극곰이 나타났을 땐 정말 대단했어. 멀리서 보고 도망쳤는데, 생각보다 몸집이 훨씬 더 크더군. 발자국이 내 손바닥보다 더 길던 걸." 폴은 손바닥을 내보이며 말했다. "그리고 한번은 기온이 영하 40도까지 내려갔는데, 어찌나 추운지 물을 뿌리니까 공중에서 그대로 얼어버렸어." 과장이 아니라, 비디오 카메라로 녹화한 영상들은 폴의 설명 그대로였다. "이걸 다 네가 찍었다고? 대단해. 나보다 실력이 훨씬 더 나은 걸!" 나는 폴이 준 사진과 영상을 보며 감탄했다. 답례로 남극에서 찍은 펭귄 사진들을 USB에 담아 돌려줬다.

노르 기지 식당 옆에서 만난 북
극흰갈매기.

노르 기지에 있는 호수에서 북극
의 겨울을 보낸 참솜깃오리.

풀이 남긴 사과를 먹고 있는 레
밍 두 마리.

북그린란드 해안을 따라 횡단하는 시리우스 정찰대의 썰매개.

© Poul Friis Jorgensen

그린란드 난센란

오전 10시, 경비행기 조종사들이 비행 준비가 됐음을 알렸다. 날씨가 도와준 덕분에 계획했던 일정에 따라 모든 것이 순조롭게 진행되고 있다.

우리는 서둘러 짐을 챙겼다. 노르 기지에서 맥주 일곱 박스, 와인 두 상자를 구입해 비행기에 함께 실었다. 일인당 하루 한 캔의 맥주, 한 잔의 와인을 마실 수 있는 양이다.

두 시간 동안 북극해를 따라 해빙이 가득한 바다 위를 날아 난센란에 도착했다. 나는 비행기 문을 열고 직접 사다리를 내렸다.

"뽀드득." 발에 눈이 밟힌다. 구름 한 점 없이 맑고 파란 하늘에선 해가 내리쬐는데, 바닥엔 하얗게 눈이 쌓여 있다. 지난해

붉은 보라색 꽃을 피운 자주범의귀. 7월 초 북그린란드에서 가장 우점한 꽃 가운데 하나였다.

찾았을 때보다 한 달가량 빨리 와서인지, 풍경이 사뭇 다르다. 나를 괴롭혔던 모기도 보이지 않는다. 북극은 아직 겨울이다. 북극콩버들Polar willow은 아직 잎사귀도 나지 않았다. 자주범의귀Purple saxifrage와 스발바르양귀비는 꽃을 피웠지만, 다른 풀들은 곧 다가올 봄을 기다리고 있다.

정오 무렵 시작한 텐트 설치와 짐 정리는 자정이 다 되어서야 끝이 났다. 옆 텐트에서 누군가 코를 코는 소리가 들린다. 많이 피곤했던 모양이다.

노란색 스발바르양귀비. 태양의
위치에 따라 해바라기처럼 꽃의
방향이 움직인다.

새들의 울음소리

곳곳에서 새들의 울음소리가 들린다. 사람들은 새가 '운다'고 하지만, 사실 새들은 자기들끼리 알 수 있는 음으로 스스로를 알리거나 서로를 부르는 것이다.

이렇게 열심히 소리를 낸다는 것은 그만큼 분주히 무언가를 하고 있다는 뜻이다. 지난해에는 7월 말에 도착하는 바람에, 어미들이 알을 품는 포란기Incubation period를 거의 놓쳤다. 하지만 올해는 알을 낳는 시기에 딱 맞춰 들어왔다. 조류의 번식 성공도Breeding success를 측정하기 위해선 몇 개의 알을 낳아 몇 마리의 새끼가 부화했는지를 알아야 하는데, 이번엔 정확히 측정할 수 있을 것 같다.

언덕 꼭대기엔 흰멧새 수컷이 앉아서 큰 소리로 노래하며 암컷을 부른다.

"치―틱 치티디딕 츄―. 치―틱치티디딕 츄―."

온대 지방에 사는 멧새에 비하면 조금 낮고 허스키한 음색이다. 하지만 북극에서 이처럼 다양한 레퍼토리로 노래하는 새는 드물다.

수컷이 부르는 노래는 단순한 소리가 아니다. 노래를 자주 많이 부른다는 것은 먹이를 잘 찾는다는 뜻이다. 바꿔 말하면 다른 개체보다 먹이 찾는 효율이 높아서 그만큼 노래를 부를 일

언덕 위에서 노래하는 흰멧새 수컷.

도 더 많다는 뜻이다. 흰멧새 연구자들의 조사에 따르면, 노래를 많이 하는 수컷들은 실제로 새끼들에게 먹이를 많이 주었고 결과적으로 새끼들을 더 잘 길렀다. 그래서 수컷의 노래는 그 자체로 육아를 얼마나 잘하는 수컷인지를 나타낸다. 암컷은 수컷의 울음소리를 듣고서 '노래 부르는 실력이 꽤 좋은 걸! 먹이도 잘 잡고 새끼들도 잘 키우겠어' 하며, 짝을 선택하는 기준으로 삼을 수 있다.

이따금 긴꼬리도둑갈매기가 지나가면 근방에 있던 꼬까도요와 세가락도요 어미들이 경계음을 내며 공격한다. 꼬까도요와

흰멧새 암컷은 수컷에 비해 전체적으로 어둡고 탁한 색을 띤다. 새끼에게 줄 벌레를 물고 둥지에 들어가려던 찰나, 나와 눈이 마주쳤다.

꼬까도요에게 쫓기는 긴꼬리도
둑갈매기.

세가락도요에 비하면 긴꼬리도둑갈매기의 몸집이 훨씬 더 크
고 부리와 발톱도 강하지만, 무섭게 달려드는 어미들의 본능은
일반적인 상식을 뛰어넘었다. 긴꼬리도둑갈매기는 도요새들의
공격에 놀랐는지 온힘을 다해 도망친다.

　분명 이 근방에 꼬까도요와 세가락도요 어미가 둥지를 틀고
알을 품고 있으리라는 확신이 든다. 눈이 조금씩 녹아 질퍽해
진 땅을 걸으며 허리를 굽혀 바닥을 살폈다. 아침부터 꼬박 네
시간을 돌아다니며 새 둥지가 있을 만한 곳을 찾았지만 쉽사리
눈에 띄지 않는다.

정오 무렵부터 허리가 욱신거린다. 구부정한 자세로 오랜 시간을 걷다 보니 몸이 놀란 것 같다. 마른 바닥에 누워 잘 알지도 못하는 요가 자세를 취하며 스트레칭을 했는데도 별 소용이 없다. 왼쪽 골반 부위가 계속해서 아파온다. 결국 오후 늦게 텐트로 돌아와 허리를 곧게 펴고 누웠다.

"원영, 이것 좀 봐!" 야코브와 아르네가 나를 찾는 목소리가 들린다.

허리에 손을 얹고 텐트 밖으로 나갔다. 새 둥지를 찾았다며 사진기를 꺼냈다. 붉은가슴도요다. "어디서 찾았어?" 나는 다급하게 물었다. "화석 산지에서 조사를 마치고 내려오는 길에 있었어. 하마터면 모르고 둥지 옆을 지나칠 뻔했는데, 어미 새가 큰 소리로 우는 바람에 찾았지 뭐야." 야코브가 대답했다.

하루 종일 돌아다닌 조류학자는 둥지를 한 번도 보지 못했는데, 지질학자 두 명이 아무렇지도 않게 어미 새와 알을 찾아오다니. 왠지 모르게 억울한 생각도 들지만, 덕분에 붉은가슴도요가 알을 품기 시작했다는 사실을 알게 되었다.

호기심 많은 자연주의자

　간밤에 바람이 세게 불었다. 텐트가 흔들리는 소리에 자다 깨다를 반복했다. 작은 알갱이가 텐트에 부딪혀 떨어지는 소리도 함께 들렸다. 눈을 뜨지 않았지만 눈이 내리고 있음을 직감했다. 오전 7시, 알람 소리를 듣고 일어나 텐트 지퍼를 올리자 눈송이가 텐트 안으로 들이쳤다. 예상보다 많은 눈이다. 하지만 작년에 눈을 경험한 적이 있어 크게 당황하지 않았다. 날씨를 어찌할 수는 없는 노릇이다. 아침 식사를 하면서 우리는 그저 허허 웃었다. 그리고 각자 이런 날씨에 대비해 준비해온 책들을 꺼내 읽었다.

　나는 니코 틴베르헌의 『호기심 많은 자연주의자Curious Natural-

$_{ists}$』라는 책을 읽었다. 2008년 대학원 공부를 시작할 무렵 지도 교수를 따라 미국 애리조나 사막으로 조사를 갔을 때 투손의 한 헌책방에서 구입한 책이다. 영어로 되어 있어서 잘 읽히진 않지만, 읽을 때마다 처음 연구를 시작했을 때의 기분을 느낄 수 있다.

틴베르헌이 '유럽벌잡이벌$_{Europian\ beewolf}$은 어떻게 집을 찾아올까?'라는 질문을 가지고 실험한 대목을 읽을 때마다 나는 어떻게 이런 실험을 설계했을까 무릎을 치며 감탄하게 된다. 틴베르헌은 모래언덕에 작은 굴을 파고 살면서 먹이를 찾으러 나갔다가 다시 이곳으로 돌아오는 유럽벌잡이벌 암컷의 행동이 궁금했다. 말벌은 수많은 굴 가운데 어떻게 자신의 굴을 알아보고 찾아올까?

우선 벌이 집을 나간 사이에 입구 주변의 돌, 풀잎, 솔방울 등을 모두 치웠다. 그랬더니 벌은 근처까지 돌아와서는 혼란에 빠져 집을 찾지 못했다. 이 모습을 보고 틴베르헌은 '벌은 주변의 지형이나 지표를 가지고 집을 찾는다'는 가설을 세웠다. 이 가설을 검증하기 위해 우선 벌의 집으로 들어가는 입구 주위를 솔방울로 둘러쌌다. 그리고 며칠 후 벌이 집 밖으로 나갔을 때 솔방울을 집 입구 옆으로 옮겼다. 그랬더니 벌은 원래 자기 집으로 찾아가지 않고 입구 옆 솔방울로 찾아갔다. 혹시 솔방울에 있는 냄새가 후각적인 신호가 될지도 모른다고 생각한 틴베르헌은 같은 실험을 반복하면서 솔방울 사이에 향수를 묻힌 판을 함께 놓았다. 그리고 솔방울을 입구 옆으로 옮길 때 향이 묻은 판은 입구 주변에 그대로 두었다. 하지만 벌은 역시나 솔방울이 있는 곳으로 갔다. 이것을 보고 틴베르헌은 벌이 시각적인 정보를 가지고 집을 찾아간다고 확신했다. 1929년 여름, 벌이 언제 올지를 기다리며 앉아 있는 틴베르헌의 모습이 그려졌다. 섭씨 43도까지 오르는 모래언덕에서 볕에 그을려가면서도, 자기가 예상했던 대로 벌이 옮겨진 솔방울을 따라 집을 못 찾고 헤맸을 때 그는 얼마나 기뻤을까. 춤이라도 추고 싶었을지 모른다.

다행히 점심때쯤 눈이 그쳤다. 나는 촬영 장비와 GPS 위성수신기를 챙겨 야코브와 함께 붉은가슴도요를 찾아 나섰다. 야코브가 바로 어제 왔던 곳이지만 둥지가 주변 색과 썩 비슷하게 위장되어 있어 다시 찾는 데 애를 먹었다.

나는 멀찌감치 떨어져 야코브가 둥지 근처에 접근했을 때, 붉은가슴도요 어미가 어떻게 반응하는지를 캠코더로 촬영했다. 작년에 긴꼬리도둑갈매기, 꼬까도요, 세가락도요에게 했던 것처럼, 사람이 반복적으로 둥지에 접근했을 때 부모 새의 반응이 어떻게 변하는지를 관찰하는 실험이다. 야코브에게 금속 막대를 하나 건네주고, 어미 새가 반응하기 시작했을 때 자신이 서 있던 위치에 막대를 꽂아달라고 부탁했다. 야코브가 둥지 바로 옆 1미터 거리에 접근할 때까지 어미 새는 꿈쩍하지 않고 있다가, 별안간 푸드덕거리며 둥지에서 나와 시끄럽게 울음소리를 냈다. 앞으로 닷새간 하루에 한 번씩 둥지로부터의 반응 거리를 측정할 계획이다.

붉은가슴도요 둥지. 어미가 알 네 개를 낳아 품었다.

붉은가슴도요 어미는 과장된 날갯짓을 하며 포식자로부터 둥지를 보호하려 애쓴다.

지질 조사를 다녀온 주선이 바위 절벽에 난 구멍에서 새 둥지를 찾았다며 휴대전화기로 찍은 사진을 보여주었다. 흰멧새 둥지였다. 나는 아직 찾은 것이 하나도 없는데, 어미 새가 물고 온 먹이를 받아먹는 새끼 새처럼 앉아서 덥석 정보를 받는다. 내일은 주선을 앞세워 흰멧새 둥지를 찾아야지. 함께 온 동료들 덕분에 일이 술술 풀린다.

　저녁을 먹고 개울가에 앉아 천천히 칫솔질을 하며 멀리 언덕을 바라보고 있는데, 사향소 열여섯 마리가 무리를 지어 나타났다. 이런 일에 대비해서 북극에 온 뒤로는 화장실에 갈 때도 늘 카메라를 가져간다. 나는 칫솔질을 멈추고 카메라 셔터를 연신 눌러댔다. 캠프 방향으로 걷던 녀석들은 인간의 존재를 알아차렸는지 이내 방향을 바꿔서 사라졌다. 올해 태어난 것처럼 보이는 사향소 새끼들도 눈에 띈다. 이렇게 큰 사향소 무리는 처음 본다.

언덕에서 사향소 열여섯 마리가
무리를 지어 나타났다.

꼬까도요의 번식을 확인하다

눈이 비로 바뀌었다. 안개가 짙게 깔려 해안부터 시작해 산 중턱까지 두터운 회색층이 땅을 뒤덮었다.

아침으로 복지리를 먹고 오전 내내 니코 틴베르헌의 책을 읽었다. 틴베르헌도 1930년 초반 그린란드 동쪽에서 흰멧새와 지느러미발도요Red-necked phalarope를 관찰했다는 사실을 알게 됐다. 이미 80년 전에 동물행동학의 아버지와 같은 학자가 그린란드에서 나와 같은 새를 연구했다는 사실도 놀라웠지만, 내가 이제야 그린란드에서 책으로 그 이야기를 읽고 있다는 것이 필연처럼 느껴진다.

점심으로 태윤이 조개관자와 새우를 넣은 올리브유 파스타를 요리했다. 파스타를 먹고 나니 빗방울이 잦아들었다. 누가 먼저라고 할 것도 없이 다들 야외 조사를 나갈 준비를 하기 시작했다. 나는 어제와 마찬가지로 야코브를 따라가 그에게 반응하는 붉은가슴도요의 행동을 촬영했다.

계곡을 따라 이어진 언덕에서 이제껏 보지 못했던 긴발톱멧새Lapland bunting 한 마리를 찾았다. 긴발톱멧새의 영어 이름에서 라플란드Lapland는 스칸디나비아 북부 지역을 뜻한다. 긴발톱멧새는 북유럽 외에도 아시아, 아메리카에 걸쳐 서식하는 북극의 대표 조류이지만, 이제껏 북그린란드에서 관찰된 기록은 없었다. 녀석은 수풀 틈에서 정신없이 벌레를 잡고 있다. 머리와 목 부분까지 검은 색 띠가 이어져 있고 목 뒤편으로 오렌지빛에 가까운 갈색 털이 선명하다. 긴발톱멧새 수컷의 전형적인 혼인색이다. 암컷과 짝을 지어 번식을 시작한 모양이다.

긴발톱멧새 수컷. 번식기에는 머리와 목의 검은색 무늬와 목 뒤편에 난 갈색 털이 선명해진다.

새끼에게 줄 곤충을 입에 물고
있는 긴발톱멧새 암컷. 내가 보
고 있어서인지, 둥지로 쉽게 가
지 않고 머뭇거리다가 그냥 자기
가 먹이를 삼켜버렸다.

한참 긴발톱멧새 둥지를 찾고 있는데, 꼬까도요 한 쌍이 나
타나 긴발톱멧새와 나를 함께 공격한다. 꼬까도요는 번식기 동
안 자기 영역에 들어온 침입자를 용인하지 않는다. 하지만 꼬까
도요의 적극적인 방어행동으로 인해, 둥지 위치를 찾을 수 있는
단서를 얻었다.

나는 조심스레 꼬까도요가 처음 날아온 곳을 되짚었다. 과
연 거기엔 꼬까도요 둥지가 있었다. 둥지라고 부르기엔 사실 보
잘것없다. 고작 나뭇잎 몇 장을 모아서 쌓은 것에 불과하다. 하

지만 보잘것없는 외형 덕분에 눈에 잘 띄지 않는다. 둥지 안에는 메추리알 정도 크기로 올리브색에 검은 점이 있는 알 네 개가 모여 있다. 꼬까도요를 포함한 도요목 조류들은 한 번에 보통 네 개의 알을 낳는데, 뾰족한 알 끝이 가운데를 향하도록 배열해 정확히 대칭을 이룬다. 그렇게 해야 부모가 알을 따뜻하게 품어주는 포란반Brood patch이 알에 닿을 수 있는 면적을 넓힐 수 있기 때문이다.

어미가 너무 시끄럽게 울어대는 바람에 잠시 고개를 돌려 주변을 살피고 다시 둥지 쪽으로 시선을 옮겼는데, 순간 둥지가 보이지 않았다. 꼭 마법에 걸린 것처럼 알도 내 눈 앞에서 사라졌다. 그렇게 꼬박 3분가량을 헤매다가 간신히 다시 둥지를 찾

꼬까도요 둥지 '꼬까01'. 둥지를 다시 찾기 힘들어서 금속 막대로 표시를 해두고 GPS 좌표를 입력해두었다.

았다. 나중에라도 다시 찾을 수 있도록 막대를 꽂고 GPS 좌표기에 '꼬까01'이라고 이름을 입력했다. 다른 이의 도움 없이 내가 처음으로 찾은 둥지다. 속으로 들떠서 의기양양하게 발걸음을 옮겼다. 그런데 몇 미터 앞에서 또 다른 꼬까도요 어미 새 한 마리가 날아올랐다. 나는 조금 전에 했던 것과 마찬가지 방법으로, 어미 새가 날기 시작한 지점으로 갔다. 역시 네 개의 알이 모여 있는 둥지가 있었다. 재빨리 막대를 꽂고는 '꼬까02'라고 이름 붙였다.

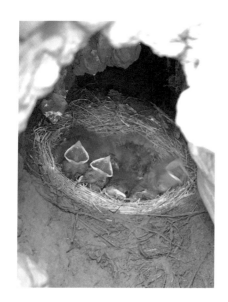

흙벽 속으로 보이는 흰멧새 둥지. '쑵─쑵' 하는 소리에 어미인 줄 착각한 새끼들은 먹이를 달라고 입을 벌리고 고개를 뻗었다.

주선이 찾은 흰멧새 둥지는 흙벽에 나 있는 작은 구멍 속에 있었다. 2~3미터 높이의 절벽 중간쯤에 구멍이 있어서, 손을 뻗으면 닿을 수 있는 거리다. 나는 절벽을 따라 올라가 구멍 안을 들여다보았다. 어른 주먹 하나가 들어갈 만한 크기의 컵 모양 둥지와 새끼 세 마리가 보인다. 태어난 지 하루 정도밖에 되지 않은 매우 어린 녀석들이다. 나는 앞니와 혓바닥 틈으로 '쑵―쑵, 쑵―쑵쑵'하는 바람 소리를 냈다. 어미가 내는 소리를 흉내 내보려 한 것이다. 눈을 제대로 뜨지 못한 어린 새끼들은 고개를 들어 먹이를 달라는 듯 입을 벌린다. 새끼들 틈으로 아직 부화하지 않은 알들도 보인다.

저녁엔 족발과 홍어를 먹었다. 물을 끓여 수증기에 말린 홍어를 쪘다. 증기와 함께 홍어 냄새가 텐트를 가득 채웠다. 나는 홍어를 좋아해서 어지간한 냄새는 참을 수 있다고 생각했는데 발효가 퍽 잘됐는지 암모니아 향이 유독 강했다. 그래도 맛은 일품이었다. 옆자리에 앉은 야코브와 아르네의 표정이 안 좋았다. 야코브는 홍어를 먹어보겠다고 한입 오물오물 씹었지만 금방 뱉어냈고, 아르네는 입에 댈 생각조차 하지 않았다.

세가락도요 둥지를 발견한 지질학자

날씨 예보에 의하면 앞으로 3일 정도 더 눈이 내릴 거라고 한다. 계속 눈이 왔지만, 마냥 텐트에만 있고 싶지는 않았다. 나는 옷을 두툼하게 챙겨 입고 어제 확인했던 흰멧새 둥지를 다시 찾았다. 흰멧새 암컷은 구멍 안에서 새끼들과 함께 있다가 나와 눈이 마주치자 잽싸게 구멍 밖으로 사라진다. 하루 사이 새끼 두 마리가 더 태어났다. 이제 모두 다섯 마리가 되었다.

꼬까02, 꼬까03 둥지의 부모 새들은 어제보다 더 예민하다. 더 먼 거리에서부터 반응한다. 약 10~20미터 거리에서 이미 내가 오고 있음을 알아차렸는지, 내 주변으로 날아와 경계음을 낸다.

개울가에서 긴발톱멧새 수컷을 다시 만났다. 여전히 둥지는 보이지 않는다. 혹시나 하는 마음에 주변을 돌다가 눈송이가 굵어져서 포기했다. '내일은 꼭 찾아내고 말겠어.' 속으로 굳게 다짐한다. 승부욕이 인다.

야코브와 아르네가 화석 산지에서 내려오는 길에 새 둥지를 하나 찾았다고 알려줬다. 세가락도요 둥지다. 누가 조류학자인지 모르겠다. 다들 나보다 더 잘 찾는다.

꼬까도요 아비는 둥지에서 멀리 날아와 경계음을 내며 큰 소리로 울었다.

회색늑대를 만나다

이제껏 북그린란드에서 경험한 가운데 최악의 날씨다. 아침 기온은 영하로 떨어졌고, 진눈깨비가 강한 바람과 함께 날려서 앞이 잘 보이지 않는다. 아무래도 조사를 나가기는 힘들어 보인다. 이런 날씨에 새를 쫓는 건, 새한테나 사람한테나 안 좋을 것 같다.

머리가 너무 간지러워 개울가에서 정수리에 물을 적셨다. 샴푸를 조금 묻혀서 가려운 곳만 슬슬 긁고 난 뒤 물로 헹궈냈더니 간지러움은 없어졌다. 이런 날씨에 머리를 감은 내 용기를 칭찬해주고 싶다.

저녁으로 소고기 등심을 구워먹었다. 접시를 밖에 내놓으려고 텐트 지퍼를 내렸는데 웬 커다란 개 두 마리가 서 있었다. "엄마야!" 나도 모르게 소리치며 황급히 지퍼를 올렸다. 카메라를 챙겨 다시 지퍼를 조금 내렸다.

말로만 듣고 책으로만 읽던 그린란드의 회색늑대였다. 녀석들은 소고기 냄새를 맡았는지 킁킁거리며 텐트 주위를 맴돌았다. 굶주린 듯 보였다. 날카로운 맹수의 눈빛이라기보다, 절박하게 먹을거리를 구하는 눈빛이었다.

늑대들은 텐트 밖에 놓았던 쓰레기봉투 더미를 찾아서 물어뜯기 시작했다. 녀석들은 봉투를 손쉽게 찢은 뒤 음식물이 묻은 휴지들을 물어 눈 위로 가지고 갔다. 눈밭 위에 자리를 잡고 앉아서 편안한 자세로 휴지를 핥았다.

태윤은 총을 가지고 왔다. "안 되겠어요. 혹시 위험해질 수도 있으니까 어서 쫓아버려야겠어요." 실탄 대신 공포탄을 하늘을 향해 발사했다. 총소리에 도망갈 거라는 예상과 달리 늑대는 크게 놀라지 않았다. 세 발을 더 쐈지만 여전히 신경 쓰지 않는 눈치였다. 두 마리 중 한 녀석은 우리가 화장실로 쓰는 텐트 쪽으로 걸어갔다. "제발, 그건 안 돼." 나도 모르게 늑대에게 애원했다. 하지만 녀석은 보란 듯이 배설물을 모아둔 구덩이를 파헤쳤다. 그렇게 30분쯤 지났을까, 두 마리 늑대는 볼 일이 끝났다는 듯 어슬렁어슬렁 북쪽 들판으로 사라졌다.

회색늑대 두 마리는 우리가 모
아놓은 쓰레기를 물어 갔다.

© Jakob Vinther

늑대가 눈 위에 남겨놓은 발자국.

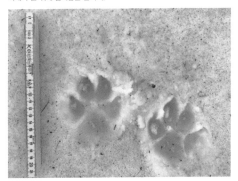

놀란 가슴을 쓸어내리며, 쓰레기들을 모았다. 이번엔 구덩이를 좀더 깊게 파서 배설물을 다시 묻었다. 나는 눈금자와 함께 늑대의 발자국 사진을 기록했다. 그리고 늑대가 머물던 눈밭에서 녀석들이 남긴 털을 모아 지퍼백에 담았다. 발자국 크기는 늑대의 몸집을 알 수 있는 지표가 되고, 털은 유전자를 추출하는 데 도움이 될지도 모른다. 아직 구체적으로 어떻게 쓸지 계획은 없지만, 우선 늑대의 정보가 담긴 흔적들을 모으는 게 중요하다.

다시 늑대가 나타날 때에 대비해, 텐트 옆에 장총을 세워뒀다. 그리고 화장실에 갈 때는 권총을 챙겨 다니기로 했다. 여기가 진짜 북극의 야생이다.

초식동물의 피로

이누이트족 신화에는 '아마로크Amarok'라는 거대한 늑대가 나온다. 보통 늑대들은 떼 지어 다니지만 아마로크는 홀로 사냥한다. 조용히 숨어 있다가 혼자 다니는 사람이 있으면 느닷없이 나타나 한입에 삼켜버린다. 원주민들에게 이 괴물 같은 늑대는 공포의 대상이었다. 하지만 그린란드에 사는 원주민들에게 아마로크는 조금 특별했다. 전해 내려오는 이야기에 따르면, 키가 작은 한 어린 소년이 신에게 기도하자 아마로크가 나타나 그에게 힘을 주었고, 훗날 소년은 곰을 이길 만큼 강인한 존재가 되었다고 한다.

캐나다의 늑대 연구자 데이비드 그래이는 1968년 캐나다 배

회색늑대의 얼굴. 상상했던 것
만큼 무서운 생김새는 아니지만
혼자 사향소를 해치울 수 있는
그린란드 생태계 최상위 포식자
임에는 틀림없다.

© Jakob Vinther

야생의 회색늑대. 혼자 늑대를
마주칠까 겁이 난다.

서스트섬에서 늑대 한 마리가 사향소를 사냥해 잡아먹는 장면을 관찰했다. 늑대는 5~6년생 정도 된 큰 수컷 사향소를 혼자 사냥한 뒤, 세 달에 걸쳐 여섯 번 같은 장소에 찾아와 천천히 먹이를 즐겼다. 늑대는 자기 몸집보다 더 큰 상대도 먹잇감으로 생각한다. 그리고 먹이가 있는 장소를 기억한다. 우리가 만난 늑대도 마찬가지일 것이다. 이미 음식물을 맛보았기 때문에 언제고 다시 나타날 수 있다.

어제 늑대를 만난 탓인지 작은 소리에도 주변을 두리번거리게 된다. 한번은 내가 내딛는 신발에 채인 돌멩이가 바위에 부딪히며 '타닥' 하는 마찰음을 냈는데, 혼자 기겁을 했다. 50년 전 그래이가 관찰했던 늑대의 사향소 사냥 장면이 자꾸 생각난다. 사향소는 나보다 훨씬 더 크고, 커다란 뿔도 달려 있다. 늑대가 작정하고 달려들면 나는 어떻게 될까? 죽을힘을 다해 맞서 싸운다고 해도 이길 자신이 없다. 신화 속 아마로크가 나타나 내게 힘을 주지 않는 한 나는 나약한 신체를 가진 수컷 호모사피엔스에 불과하다. 걷는 내내 초식동물이 된 것처럼 온갖 신경을 곤두세웠더니 피로감이 배로 느껴진다.

오후에는 눈과 비가 거세지는 바람에 텐트 안에서 시간을 보냈다. 피곤했는지 책을 읽다가 금세 곯아떨어졌다. 단편소설집처럼 짧은 여러 편의 꿈을 꿨다. 꿈속의 배경은 한국이다. 아침 출근길에 운전을 해서 가는데 갑자기 커다란 트럭이 내 앞으로 끼어든다. 나는 급제동을 했지만 사고가 났다. 순간 번쩍 눈을 떴다. '사람도 없는 북극에서 접촉 사고가 나는 꿈을 꾸다니.' 물을 한 모금 마시고 다시 잠이 들었다. 이번 꿈에선 연구논문을 읽으며 여느 때처럼 책상에서 컴퓨터로 자료를 정리하고 통계 분석을 한다. 분석 결과에 혼자 흡족해하면서 '이거 좋은 논문이 되겠어!' 하고 생각하는데, 잠에서 깼다. 무슨 내용이었는지 다시 떠올리려 했지만 도무지 생각이 나지 않는다. 두 시간 동안 낮잠을 잤지만, 마치 두 시간 동안 일을 한 것처럼 피곤이 더 쌓인 기분이다. 낮 시간에는 텐트에 눕지 말아야겠다.

요리의 행복

거의 일주일 가까이 계속 내린 눈과 비 때문에 개울물이 불어났다. 북극에 온 첫날, 개울에 둑을 쌓고 그 안에 맥주 캔을 넣어뒀는데, 갑자기 유량이 늘어나는 바람에 물에 떠내려갔다. 다행히 멀리 가진 않아서 모두 그대로 챙겨왔다.

오후엔 다 같이 모여 만두를 빚었다. 설 연휴가 된 것 같은 기분이다. 반죽을 해서 만두피를 얇게 만들고, 김치와 고기를 다져 속을 채웠다. 한국에서도 설날 만두는 마트에서 사다 먹었는데, 그린란드 캠프에서 만두를 만들어 먹게 될 줄은 몰랐다. 야코브와 아르네도 만두 빚는 걸 재밌어했다. 한 사람당 다섯 개씩 만들었다. 저마다 다른 크기, 다른 모양의 만두가 모였다. 태

저녁으로 오리고기, 골뱅이무침, 돼지 김치찌개에 화이트와인 한 잔을 곁들였다.

© 우주선

윤은 와사비를 듬뿍 넣어 속을 채운 만두를 두 개 준비했다. 그리고 찜통에 넣기 전에 다른 만두와 섞었다. 김이 모락모락 나는 만두를 입에 넣었다. 생각보다 맛이 좋았다. 지훈은 만두를 먹다가 주르륵 눈물을 흘렸다. 와사비 만두 두 개는 모두 지훈에게 걸렸다. 다 함께 한바탕 웃었다. 하루 종일 밖에 나가지 못했지만, 같이 요리를 하고 와인을 곁들여 마셨더니 꽤 유쾌했다.

아는 소설가 한 분이 생각난다. 최근 식당을 열고 요리를 하고 있는 분인데, 글을 쓰는 소설가와 음식을 하는 요리사가 언뜻 잘 연결되지 않았다. 대체 왜 음식점을 하려고 하느냐는 질문에, 그는 "내가 한 요리를 다른 사람이 맛있게 먹는 게 즐겁다"고 대답했다. 사람들과 함께 여행을 할 때면, 요리사가 되어 음식을 해주곤 했는데 그 모습을 보는 게 그렇게 좋았다고 한다. 요리에 대한 이야기를 하는 내내 그의 눈에는 총기가 가득했다. 그는 손님을 많이 모아 비싸게 음식을 팔 생각은 하지 않고, 어떻게 하면 맛있는 요리를 준비해서 대접할 수 있을까를 고민했다. 그런 식당에 손님으로 가서 요리를 먹는다면 참 행복하겠다고 생각하면서도, 한편으론 걱정스러웠다. 현실적인 문제를 생각해보라고 가볍게 충고했지만, 스스로 생각해도 이러다가 머지않아 가게가 망할 수도 있겠다고 말하며 웃는 그의 모습에 나도 따라 웃었다. 먹는 쾌락에만 익숙했던 나에게, 요리하면서 느끼는 행복감은 사뭇 낯설었다. 자고로 요리란 힘들고 귀찮은 부엌일이 아니었던가.

인류 역사에서 요리를 시작한 지는 그리 오래되지 않았다. 요리는 불의 사용과 함께 시작되었는데, 인류학자인 리처드 랭엄 박사는 『요리 본능』이라는 책에서 190만 년 전 호모에렉투스가 불을 이용해 처음 요리를 시작했다고 말한다. 일명 '요리가설 Cooking hypothesis'이라 불리는 그의 이론에 따르면, 요리는 인류의 겉모습과 생활사를 바꿔놓았다. 음식을 조리해 먹기 시작하면서 씹을 필요가 줄어들어 어금니가 작아졌고, 소화기관이 짧아지기 시작했다. 대신 뇌 용량이 커지고, 허리는 더 얇아졌다. 이처럼 요리는 인류 진화의 방향을 바꾼 동원력이었다.

하지만 요리를 인류의 진화와 연결 짓는 설명은 어딘가 부족하게 느껴진다. 사람들이 모여서 음식을 먹는 과정은 단순히 입으로 씹어 삼키는 데 그치는 게 아니다. 나는 요리가 소통의 한 방식으로 기능했을 것이라고 생각한다. 요리는 거친 식재료를 부드럽게 만들어 상대에게 건네면서 자신의 마음을 함께 전달하는 의사 표현이 될 수도 있다.

침묵

홀로 걸을 때면 어쩌다 들리는 새들의 지저귐을 제외하고는 아무런 소리도 들리지 않는다. 고요함이 몇 시간이고 이어질 때가 있다. 처음부터 소리는 이곳에 어울리지 않는 것 같은 무음의 상태다. 고요함은 낯설다. 평소 이어폰을 가지고 다니며 늘 음악을 듣던 내게는 오히려 적당한 소음이 익숙하다. 하지만 이제 조금씩 이런 침묵에 길들여지고 있다. 북극의 적막에 폐를 끼치고 싶지 않다는 생각에 발걸음도 조심히 내딛는다. 나도 소리를 내지 않는다.

스코틀랜드의 시인 캐슬린 제이미는 『시선들Sightlines』에서 북극 피오르드 해안에서 느낀 기분을 이렇게 적었다. "우리가 얼

마나 오래 그곳에 앉아 있었는지 모르겠다. 내가 아는 것이라고
는 그와 같은 침묵을 한 번도 들어보지 못했다는 사실이다. 바
람이 깃털을 무시하듯 침묵도 소리를 무시할 수 있다. 그런 오
분, 십 분은 평생 처음이었다."

고요함 속에 분주함이 있다. 굳이 시끄럽게 떠들지 않아도 보
이지 않는 곳에서 바쁘게 살아가는 녀석들이 있다. 아무런 소
리도 없는 것 같은 절대 침묵 속에서도, 작은 벌레들이 바닥에
붙어 꿈틀거리고 꽃잎 속에 숨어서 움직인다. 내 귀에는 아무
것도 들리지 않지만, 뭇 생명이 내가 알아채지 못하는 더 작은
소리를 내며 살고 있다.

긴 침묵 속에 혼자 걷다 보면 머릿속이 분주해지는 때가 있
다. 몇 년 동안 한 번도 떠오르지 않았던 일들이 갑자기 생각나
기도 한다. 즐겁고 행복했던 때도 떠오르지만, 슬프고 후회스런
기억이 더 많이 튀어나온다. 당장이라도 미안하다고 메시지를
보내거나 편지를 띄우고 싶지만, 이곳에선 닿을 방법이 없다.
그저 가만히 생각이 흘러가는 대로 내버려두면 어느새 기억
들은 상자 속으로 다시 들어간다. 그리고 나는 묵묵히 계속 걷
는다.

회색늑대의 두 번째 방문

새벽 세 시, 북극의 여름밤은 여전히 대낮처럼 밝았고 나는 텐트 안에서 안대를 낀 채 깊은 잠에 빠져 있었다. 어디선가 야코브의 목소리가 들렸다.

"늑대다. 늑대가 나타났어!"

잠결에 소리가 들렸지만 꿈이거나 야코브의 장난일 거라고 생각했다. '양치기 소년도 아니고 한밤중에 왜 저러는 거야.' 잠시 후, 야코브는 더 크게 소리쳤다.

"다들 일어나, 진짜 늑대야! 내 텐트 옆에 늑대가 있어!"

목소리에서 다급함과 진실함이 동시에 느껴졌다. '이런, 늑대가 또 나타났군.' 재빨리 옷을 챙겨 입고, 카메라를 손에 든 채

야코브가 화장실에 가려고 텐트 문을 열었을 때 늑대 한 마리가 바로 앞에 있었다.
ⓒ Jakob Vinther

텐트 밖을 나섰다. 과연 회색늑대가 보였다. 잠이 덜 깬 탓인지 눈앞이 뿌옇게 흐렸지만, 늑대가 확실하다.

사흘 전에는 두 마리였는데, 오늘은 세 마리로 늘었다. 같은 늑대가 친구를 데리고 온 것인지는 확실치 않다. 털 색깔은 지난번에 나타난 녀석들의 것보다 더 밝아 보인다. 늑대들은 텐트 주변을 맴돌다가 잠시 후 사라졌다. 음식물과 쓰레기 들을 모두 텐트 안으로 옮겨둔 덕분에 다행히 늑대들이 물고 간 것

늑대는 주선의 가방을 물어뜯어
놓았다.

ⓒ Jakob Vinther

은 없어 보였다. 텐트로 다시 들어가려는데, 주선이 두리번거리며 말했다.

"가방이 없어졌어요. 어디로 갔지?"

가방을 텐트 입구에 걸어두었는데 늑대가 물고 간 모양이다. 늑대들이 사라진 방향으로 천천히 뒤따라 걸었다. 들판 한가운데 주선의 가방이 날카로운 이빨에 물어뜯긴 채 버려져 있었다. 그리고 가방 속에는 늑대가 싸놓은 소변이 가득했다. 나는 주머니에 넣어 간 플라스틱 튜브에 오줌을 담았다. 이 액체를 검사해보면 늑대의 체내 성분을 알아낼 수 있을지도 모른다.

주선 말고 다른 사람들도 텐트에 가방이나 옷가지들을 걸어두곤 했는데, 왜 하필 주선의 가방만 없어진 건지 의아했다. 아마 주선의 가방에서 흥미로운 냄새를 맡은 게 아닌가 싶다. 어찌되었든 앞으로 텐트 밖에는 다른 물건들을 걸어두지 말자고 이야기하고 다시 잠을 청했다.

알을 깨고 나오다

'꼬까01' 둥지에서 알이 깨어났다. 네 개의 알 가운데 세 개가 부화했다. 막 알을 깨고 나온 새끼들은 서로 몸을 의지한 채 웅크리고 앉아 털을 말렸다. 새끼는 부풀어 오른 솜털 때문에 깨고 나온 알 크기보다 훨씬 더 크게 보였다.

알에서 껍질을 깨고 나오는 과정은 어린 새끼가 일생에서 처음 맞는 도전이다. 알 속에서 주어진 영양분을 가지고 발달하는 과정은 부모에게 의존하지만, 알을 깨고 나오는 것은 오롯이 스스로의 힘으로 성공해야 한다.

갓 태어난 꼬까도요 새끼.

새끼는 알에서 깨기 전 우선 폐를 이용해 숨을 쉬는 일부터 시작한다. 껍질엔 미세한 구멍이 있어서 공기가 드나들며 산소가 확산된다. 그래서 배아 단계에선 껍질 안 혈관으로 확산되는 산소를 통해 숨을 쉰다. 하지만 알을 깨고 나올 때가 되면 배꼽으로 연결된 혈관이 떨어져 나온다. 그리고 껍질 내부에 비어 있는 공간으로 구멍을 내고 폐로 최초의 숨을 들이쉰다.

다음은 껍질 안쪽 벽을 부수는 일이다. 새끼의 부리 끝엔 치아처럼 뾰족한 돌기가 있다. 난치Egg tooth라고도 불리는 작은 망치는 부리 윗부분에 돋아 있다. 새끼는 난치로 껍질 안쪽을 쪼아서 구멍을 낸다. 그리고 날개와 다리로 껍질을 밀어내 완전히 세상 밖으로 나온다.

꼬까도요 알 네 개 가운데 한 개는 부화하는 도중에 새끼가 죽고 말았다. 껍질 안쪽 벽을 깨는 일까지는 무사히 끝냈지만, 이후에 껍질을 밀어내지 못하고 거기서 멈춘 것이다. 나는 조심스레 죽은 알을 플라스틱 병에 담고 알코올

꼬까도요의 알 네 개 가운데 하나는 부화하는 도중에 죽고 말았다.

용액을 부었다. 정확한 사인을 밝히긴 힘들겠지만, 한국에 돌아가 해부를 해보면 어떤 이유에서 숨을 거두었는지 알 수 있을지 모른다.

꼬까[01] 둥지에서 태어난 새끼들의 알 껍질은 40~50미터 떨어진 곳에서 발견됐다. 부모가 일부러 가져다놓은 것 같다. 알 껍질이 그대로 둥지에 있으면 날카로운 모서리에 새끼가 다칠 수도 있고, 무엇보다 껍질 안쪽의 색깔이 희기 때문에 주변의 이끼나 지의류 색과 대비되어 포식자의 눈에 띌 수 있다. 그래서 보통 부모 새들은 껍질을 먹어 없애거나 멀리 물어다 버린다. 그런가 하면 포식자로부터 안전한 절벽에 둥지를 만드는 바다오리Common Guillemot나 세가락갈매기Black-legged Kittiwake는 알 껍질을 그대로 내버려두기도 한다.

껍질 안쪽에는 아직도 붉은 혈관이 그대로 말라붙어 있다. 껍질은 조금 얇아진 듯 보이며 표면은 매끈하다. 손으로 약간 힘을 주었더니 금세 부스러졌다. 어미 배 속에서 이렇게 딱딱한 알 껍질이 만들어졌다는 사실이 잘 믿기지 않는다. 껍질은 탄산칼슘으로 만들어지기 때문에 어미는 칼슘을 많이 섭취해야 한다. 붉은가슴도요는 자기 뼈에서 칼슘을 끌어온다고 알려져 있다. 그러고도 모자란 칼슘은 산란기 먹이로부터 섭취해서 얻는다. 북극에 사는 도요새들 가운데 몇몇 종은 레밍의 뼈에서 칼슘을 섭취하기도 한다. 집에서 새를 키우는 사람들은 잘 아는 사실이지만, 새가 알을 낳을 때가 되면 갑오징어의 뼈를 넣어주기도 한다. 새들이 어떻게 칼슘의 필요성을 감지하는지는 아직 잘 알려져 있지 않지만, 어미 새는 본능적으로 뼈를 쪼아 칼슘을 먹는다.

돌의 역사

물안개와 구름이 짙게 깔렸다. 오후엔 주선과 함께 해안가를 따라 걸었다. 늑대가 나타난 뒤로, 먼 거리를 이동할 때 두 명이서 짝을 지어 다니고 있다. 오늘은 해안가에 있는 조류의 번식을 확인할 계획이었는데, 마침 주선도 해안가에서 조사할 것이 있다고 해서 같이 나왔다.

주선은 한 손에 망치를 들고 해안가 바닥을 살폈다.

"돌을 찾았어요!" 주선이 망치로 돌을 깨며 말했다.

"이건 어떤 종류의 돌이에요?" 나는 주선이 찾은 돌에 뭔가 특별한 것이 있는지 궁금했다.

"이 돌은 변성암이에요. 주변에서 흔히 보이는 퇴적암하고는 조금 다르죠. 원래는 빙하 밑에 있던 암석인데, 빙하가 흘러나오면서 바닥에 있는 변성암을 함께 긁어 옮겨다놓은 것들이에요."

변성암은 분홍빛이 돌아 주변의 다른 어두운 색채와는 조금 차이가 있었지만, 그렇다고 해도 크게 달라 보이진 않았다. 손바닥만 한 크기에 묵직한 무게감이 느껴지는 그냥 '돌'처럼 보였다.

"여기 있는 암석들은 얼마나 오래됐죠?"

"퇴적암들은 꽤 젊어요. 한 5억 년 정도 됐죠."

5억 년 된 퇴적암이 '젊다'는 대답에 나는 웃음을 터뜨렸다. 역시 지질학에서 말하는 시간의 범위는 생물학의 그것과는 다르다. 5억 년 전은 고생대 초기 삼엽충을 포함한 동물 화석들이 나오기 시작한 시점이다. 하지만 46억 년 지구의 역사를 감안하면 지질학적인 측면에서 5억 년은 그리 오래된 과거가 아니다.

"지금 보시는 변성암은 그보다 훨씬 더 오래됐어요. 최근 연구에 의하면 약 35억 년 정도 되었다고 합니다." 주선은 덤덤한 표정으로 말했다.

세상에나! 나는 놀라움에 입을 다물지 못했다. 35년을 살아온 내 나이는 분홍색 변성암의 나이에 비하면 1억 분의 1에 불과하다. 불교에서 말하는 '찰나'가 75분의 1초에 해당된다고 하

니, 지구 역사에서 내 삶의 길이는 찰나에도 미치지 못한다. 지구에 잠시 나타났다가 스쳐 지나는 존재. 35억 년과 35년이라는 숫자로 드러나는 격차가 더 현실적으로 다가온다.

신경과 의사 올리버 색스가 생을 마감하기 얼마 전, 『뉴욕 타임스』에 기고한 「나의 생애My Own Life」의 한 구절이 생각났다. "무엇보다 나는 이 아름다운 행성에서 지각 있는 존재이자 생각하는 동물로 살았다. 그것은 그 자체만으로 엄청난 특권이자 모험이었다."

색스는 지구에서 수없이 태어나고 사라지는 생명 가운데 인간으로 태어난 것에 감사했다. 나 역시 내 존재의 미미함과 찰나성을 생각했고, 동시에 그런 사유를 할 수 있는 존재로 태어나 북극의 자연을 알고 간다는 것에 감사했다.

위 스 키 온 더 록

해안을 따라 연결되어 있는 강 상류에서 분홍발기러기 세 마리를 마주쳤다. 이런 곳에서 분홍발기러기를 만날 거라곤 생각지도 못했는데 의외였다. 나도 놀라고, 분홍발기러기들도 놀랐다. 녀석들은 아직 깃갈이 중인지 날지 못했다. 갑자기 강 물에 몸을 맡긴 채 하류로 허겁지겁 헤엄쳐 갔다. 헤엄쳤다기 보다는 물살에 몸을 맡겼다는 표현이 맞을 것 같다. 나는 강 아 래쪽이 보이는 언덕으로 올라갔다. 도망친 곳에는 분홍발기러 기 스무 마리 정도가 더 있었다. 갑자기 나타난 분홍발기러기 세 마리에 놀란 탓인지 나머지 스무 마리도 함께 강물에 몸을 맡기고 강 하류로 내려갔다. 비록 날지는 못했지만, 나는 것만

강 상류에서 분홍발기러기 세
마리를 만났다.

강 아래쪽엔 분홍발기러기 스무
마리가 더 있었다. 녀석들은 황
급히 물살에 몸을 맡기고 강 하
류 쪽으로 도망쳤다.

큼 빠른 속도로 사라졌다.

어차피 따라잡기는 힘들다. 강 어귀까지 가려면 적어도 한 시간은 족히 걸린다. 나는 천천히 강 하류 쪽으로 걸었다. 해안가를 돌아봤지만 분홍발기러기 무리는 찾지 못했다. 대신 분홍발기러기 한 마리가 혼자 있는 것을 발견했다. 깃이 새로 돋아나는 중이라 날지 못한다. 해안가엔 이미 빠진 깃들이 어지럽게 흩어져 있다. 나를 보고 놀란 녀석은 물가를 이리저리 헤엄치다가 해빙 위로 뛰어올랐다. 나는 쫓기를 그만두었다.

해안가 바위에 앉아 쉬다가 사향소가 걷는 모습을 관찰했다. 처음엔 한 마리인 줄 알았는데 여섯 마리가 차례로 모습을 드러냈다. 사향소들도 피곤했는지 눈밭에 자리를 잡더니 그대로 엎드렸다. 한가운데 수컷이 앉고 그 앞에 어린 새끼가 누웠다. 아무래도 내 존재를 알아차리지 못한 것 같았다. 계속 같은 자리에서 같은 자세로 쉬는 녀석들을 바라보다가, 내가 먼저 자리를 떴다.

바다에 떠 있는 빙산 중 하나가 뭍 가까이에 있었다. 손을 뻗으면 닿을 거리다. 나는 빙산에서 손바닥 크기의 조각을 떼어내지퍼백에 담아 캠프로 가져갔다.

"그거 위스키에 넣어 먹으면 좋겠는걸. 우리 같이 먹지 않을래?" 얼음 조각을 본 야코브가 유난히 반색했다.

사향소 무리가 해안가 눈밭에서
휴식을 취했다. 한참을 기다렸지
만 계속 같은 자세로 쉬는 바람
에 내가 먼저 자리를 떴다.

우리는 얼음을 잘게 쪼개어 컵에 넣고 위스키를 조금 따랐다. 컵에 귀를 갖다 댔더니 얼음이 녹으면서 '톡 톡 톡' 하는 경쾌한 음이 들렸다. 수만 년 전 빙하가 생길 때 그 안에 갇힌 공기가 빠져나오는 소리다. 나는 빙하기의 공기가 스며든 위스키를 음미했다.

"위스키에 넣어 먹으니까 맛이 어때?" 야코브가 물었다.

나는 잠시 고민하고는 대답했다. "역사의 맛이야."

야코브는 내 말을 듣더니 눈을 감고 위스키를 한 모금 넘겼다.

"네 말이 맞아. 이건 빙산에 담긴 역사의 맛이야."

문버드

붉은가슴도요 수컷 스무 마리 정도가 함께 먹이를 찾고 있다. 며칠 전까지만 해도 각자의 영역에서 새끼와 함께 먹이를 찾아다니고 있었는데, 어느새 새끼들이 많이 자랐고 성체들끼리 무리를 지었다. 어미는 새끼가 태어나고 얼마 지나지 않아 진작 사라졌다. 암컷은 보통 암컷끼리 모여서 이동한다. 이제 수컷 어른들도 함께 모여서 슬슬 이동을 준비한다. 8월 초가 되면 남겨진 새끼들끼리 한데 모여 남쪽으로 떠난다.

전 세계 붉은가슴도요 가운데 사람들에게 가장 잘 알려진 녀석이 한 마리 있다. 1995년 처음 녀석을 잡은 사람은 녀석에게 'B95'라는 이름을 붙이고 왼쪽 다리에 고리를 달아주었다. 그

후로 이 새는 매년 살아남아 지속적으로 관찰되었고, 비행을 오래 한 공로를 인정받아 '문버드Moonbird'라는 별칭도 얻었다. 지난 2015년에도 관찰된 기록이 있으니, 적어도 스무 살은 넘었다. 붉은가슴도요는 북극권에서 여름을 보내며 새끼를 낳아 키우고 겨울엔 남쪽으로 이동한다. B95의 정확한 이동 경로는 세계 각국의 조류관찰자들에 의해 알려졌다. 도요새들의 이동 경로를 관찰하는 사람들은 인터넷으로 표식을 공유한다. 이를 통해 그린란드 서쪽에 있는 캐나다 최북단에서 번식을 하고, 대서양을 따라 남쪽으로 비행해 브라질 북부의 마라낭을 지나 아르헨티나 남쪽 티에라델푸에고에서 겨울을 보낸다는 사실이 밝혀졌다.

연구자들은 좀더 자세한 이동 경로를 알기 위해 '지오로케이터Geolocator'라고 하는 위치기록장치를 부착했다. 지오로케이터는 빛을 감지할 수 있는 작은 센서가 있어서, 밤과 낮의 길이와 태양이 가장 높이 떠올랐을 때의 시각을 기록할 수 있다. 이 정보를 분석하면 새가 있는 곳의 위도와 경도를 알 수 있다. 2009년부터 2010년까지 세 마리의 붉은가슴도요로부

붉은가슴도요 성체들이 무리를 짓기 시작했다.

터 얻은 데이터를 보면, 한 번에 쉬지 않고 6일간 8000킬로미터를 날아 우루과이에서 노스캐롤라이나 해변까지 이동했다.

내 앞에 있는 붉은가슴도요들은 어디로 날아갈까? 그린란드에 있는 개체들이 정확히 어디로 가는지는 알려져 있지 않지만, 이 새들도 이동 시기가 되면 단번에 수천 킬로미터를 날 것이다. 그리고 무사히 겨울을 보낸다면 내년에 다시 이곳으로 돌아오겠지. 어쩌면 이 가운데 B95보다 더 나이가 많고, 더 먼 거리를 비행한 녀석이 있을지도 모른다.

신선한 늑대의 분변

오전 6시, 주선이 텐트에서 소리쳤다. "늑대다!" 나는 속으로 '늑대가 또 나타났군' 하고 생각하며 천천히 몸을 일으켰다.

처음 늑대가 나타났을 때와 비교하면 다들 부쩍 관심이 줄었다. 늑대는 분명 위험한 육식동물이지만, 사람을 공격할 것처럼 보이지는 않는다. 오히려 녀석들은 텐트 주변에서 나는 냄새에 더 민감한 듯하다.

밖에 나가보니 내 등산화가 나뒹굴고 있었다. 어제 신발을 말리려고 텐트 위에 올려두었다가 그냥 잠든 게 생각났다. 속으로 아차 싶어서 등산화를 살펴보니 역시나 늑대가 물어뜯은 듯한 자국이 있었다. 두꺼운 가죽으로 된 옆면이 송곳으로 긁은 것처

텐트 뒤를 어슬렁거리던 회색늑
대와 눈이 마주쳤다. 사람에게
위협적인 느낌은 들지 않았다.

럼 날카롭게 찢겨 있었다. 쉽사리 구멍을 내기 힘든 재질인데, 늑대의 입에는 부드러운 고무신처럼 느껴졌을지도 모르겠다.

이번엔 텐트 옆에다 커다란 똥을 싸놓았다. 지난해에 바싹 마른 오래된 늑대 분변을 발견하고 좋아했던 기억이 떠오른다. 그때에 비하면 비교도 안 될 만큼 신선하고 값진 샘플이다. 위생 장갑을 낀 채 500밀리리터 플라스틱 통에 분변을 담고, 알코올을 함께 넣었다. 분변 내용물을 해체해서 살핀다면 늑대가 무엇을 먹었는지 알 수 있을 것이다. 겉보기엔 새 깃털도 많이 들어가 있는 것 같다. 아마 근방에서 꼬까도요나 붉은가슴도요를 잡아먹었을지도 모른다.

오전에는 다 같이 모여서 경비행기의 활주로로 사용되는 들판을 평탄하게 다졌다. 경비행기가 무사히 이착륙을 할 수 있도록 위로 솟구친 땅을 파고 움푹 들어간 곳을 메꾸는 일을 했다. 땅속은 얼어 있어서 50센티미터 이상은 삽이 들어가지 않는다. 그 아래는 동토. 말 그대로 삽질을 하고 나니 옷이 땀에 흠뻑 젖었다. 이제 돌아갈 날이 얼마 남지 않았다. 꼭 이틀이다.

호수가 나타나다

마지막 야외 조사라고 생각하고 최대한 멀리까지 가보기로 했다. 하루에 걸어서 왕복할 수 있는 가장 먼 거리는 얼마쯤일까? 여덟 시간 정도 천천히 걷는다고 생각하면 약 10킬로미터 떨어진 곳까지는 갈 수 있을 것 같다. 문득 톨스토이의 단편 「사람에게는 얼마만큼의 땅이 필요한가」에서 땅 욕심을 부려 하루 종일 걷다가 왕복한 땅을 소유한 채 죽은 사람의 이야기가 생각난다. 내가 왕복한 땅이 내 땅이 되는 것도 아니니까 너무 욕심 부리진 말아야지.

북극에 오기 전 캠프 주변의 위성 사진을 확인했을 때 꽤 커다란 호수가 있었다. 북쪽으로 방향을 잡고 약 두 시간 정도 걸어가니 예상했던 대로 호수가 나타났다. 한쪽 끝에서 다른 쪽 끝까지 200미터는 족히 넘을 것 같다. 생각보다 꽤 크다.

호수 주변을 한번 돌아볼 생각으로 가장자리를 걷고 있는데 갑자기 커다란 오리가 허우적거린다. 무슨 일인가 싶어 반대편을 바라보니 새끼 오리 네 마리가 물 위에 떠 있다. 어미가 침입자의 주의를 끌어 새끼들을 보호하기 위해 물 위에서 이상한 행동을 했던 것이다. 처음 보는 오리라서 무슨 새인지 주의 깊게 살폈다. 호사북방오리King eider 암컷과 새끼들인 것으로 보인

호사북방오리 어미는 마치 물에 빠진 것처럼 허우적거리며 내 주의를 끌어 새끼들을 보호하려는 행동을 했다.

다. 본래 호사북방오리는 해안가에서 무리지어 번식한다고 알고 있었는데, 이렇게 민물 호수에서 홀로 번식하는 일도 드물게 관찰되는 것 같다. 어미가 하는 행동을 본 새끼 네 마리는 갑자기 물속으로 사라졌다. 그리고 잠시 후 다시 수면 위로 떠올랐다. 위험한 상황이라고 판단하고 잠수를 한 것이다. 지나치게 방해가 된 건 아닌가 싶어 나는 자리를 피해 멀찌감치 떨어져 녀석들을 관찰했다. 어미와 새끼는 곧 안정을 되찾고 수면 위로 헤엄쳐 다녔다.

태어난 지 오래되지 않아 보이는 새끼 네 마리는 어미의 행동을 살피더니 갑자기 나를 피해 잠수를 했다가 잠시 후 다시 수면 위로 올라왔다.

호수를 따라 반대편 끝까지 걸었다. 캠프 주변에서 자주 보던 꼬까도요와 붉은가슴도요들이 함께 무리를 이루어 모여 있었다. 그리고 그 틈으로 처음 보는 도요새가 한 마리가 눈에 띄었다. 붉은배지느러미발도요Red phalarope였다. 도감에서 본 적은 있지만 북그린란드에는 서식하지 않는다고 나와 있어서 신경을 쓰지 않았던 터였다. 이름처럼 배면이 붉고 머리는 검은색인데, 눈 옆으로 하얀 털이 있고 부리가 노란색이어서 멀리서도 잘

붉은배지느러미발도요 어미와
새끼.

보인다. 내가 본 녀석은 암컷이다. 이 새는 암컷의 색깔이 화려하고 수컷은 전체적으로 색이 탁하다. 몸집도 암컷이 더 크다. 일처다부제의 짝짓기 시스템을 갖고 있다. 그래서 보통 조류들과는 다르게 암컷이 수컷에게 구애행동을 하고, 수컷을 차지하기 위해 암컷끼리 경쟁한다. 수컷을 차지한 암컷은 3~6개의 알을 낳고, 수컷은 그 알을 품고 돌보는 역할을 한다. 알을 낳은 암컷은 수컷을 홀로 남겨두고 남쪽으로 떠난다고 알려져 있다.

하지만 내가 관찰한 개체는 분명 암컷인데도 새끼 곁을 지키고 있다. 일반적으로 알려진 붉은배지느러미발도요의 생태와는 다르다. 오후 늦게까지 주변을 살폈지만 수컷은 찾지 못했다. 이제 곧 한국으로 돌아가야 하는데, 오늘에야 호수를 발견한 게 퍽 아쉽다.

귀로

한국으로 돌아간다. 다행히 날씨가 맑아서 일정에 맞춰 돌아갈 수 있게 됐다. 텐트를 걷고 짐을 싸는 동안 모기들이 무섭게 달려든다. 그동안 모기를 잊고 지냈는데, 이제 나타나기 시작했다. 떠날 때 나타나서 그나마 다행이다.

나는 어떻게 될지 모르겠지만, 태윤을 비롯한 지질학자들은 내년에도 북극에 올 예정이다. 무거운 짐들은 천막으로 덮어서 두고 가기로 했다. 북극의 겨울을 무사히 버틸 수 있게 끈으로 여러 번 묶어뒀다.

준비를 마치고 들판에 앉아 우리를 태우러 올 경비행기를 기다리는데, 긴꼬리도둑갈매기 한 마리가 내 옆으로 왔다. 손에

북극을 떠나는 날, 긴꼬리도둑
갈매기 한 마리를 만났다.

잡힐 듯 가까운 곳에 아무 소리도 내지 않고 가만히 앉았다. 물론 내가 떠난다는 걸 알고 온 건 아니겠지만, 덕분에 마음이 차분해졌다. 북극의 동물들과 조금 친해진 기분이다.

이제 돌아갈 시간이다.

지금쯤 꼬까도요와 세가락도요는 어디에 있을까? 분홍발기
러기는 깃털을 갈고 날아갔을까? 나는 북극에서 출발해 한국에
서 내렸지만, 장거리 이동을 한다고 알려진 긴꼬리도둑갈매기,
붉은가슴도요는 지금쯤 남반구까지 이동했겠지? 하늘을 날지
못하는 회색늑대와 사향소, 북극토끼는 추운 그린란드의 겨울
을 어떻게 버티며 살고 있을지 궁금하다.

늑대의 것으로 추정되었던 배설물은 노르웨이 오슬로대학
자연사박물관의 외위스테인 비 교수와 그의 대학원 학생 미켈
이 회색늑대의 것이 맞다고 확인해주었다. 사향소 사체도 회색
늑대에 의한 사냥 흔적이 확실해 보인다고 한다. 미켈의 말에
따르면 그린란드에서 회색늑대 개체군은 워낙 숫자가 적어 본
사람이 별로 없다고 한다. 자기도 북그린란드에 가보지 못했다

며 회색늑대를 만난 나를 무척 부러워했다. 늑대 배설물은 현재 에틸알코올 용액에 담겨 인천 송도에 있는 극지연구소 냉동고에 저장되어 있다. 기회가 되면 배설물에 담긴 늑대의 먹이원을 분석해볼 생각이다.

아르네는 야외 조사가 끝나자마자 가족들과 이탈리아 시칠리아로 휴가를 떠났다. 그린란드와 달리 기온이 43도까지 오르는 탓에 힘들었다고 한다. 야코브는 그사이 공룡의 위장행동Camouflage에 관한 논문을 발표했다. 위장 효과 가운데 방어피음Countershading이라 불리는 색의 대비 효과를 통해 공룡이 주변 포식자들을 피했다는 사실을 처음으로 밝혀냈다.

태윤은 북극에서 가져온 화석으로 논문 발표를 준비 중이다. 절지동물의 형태적 진화에 관한 새로운 증거를 찾았다고 한다. 지훈은 북극에서 가져온 완보동물을 한국 실험실에서 정성들여 키우고 있다. 완보동물은 우주에서도 살아남는다고 알려져 있어서 쉽게 생각했는데, 막상 키우려고 하니 적당한 배양 조건을 맞추기가 까다롭다고 한다. 태윤과 지훈은 쇄빙선을 타고 미국 알래스카를 거쳐 다시 북극에 가 있다. 북극 보퍼트해를 항해하면서 바닷물 속에서 완보동물을 찾는 중이다. 주선은 그린란드 조사가 끝나고 스발바르 북극 다산기지와 남극 장보고기지를 오가며 지질조사를 준비하고 있다.

나 역시 펭귄 번식 시기에 맞추어 다시 남극에 갈 계획이다. 요즘은 펭귄에게 부착할 새로운 위치추적장치들을 테스트하며, J. P. 코크피오르에서의 조사 결과를 한데 묶어 '북그린란드 야생 조류에 대한 관찰 보고'를 작성하는 중이다. 그린란드 조류 생태계에 관심이 많은 덴마크의 조류학자들과 이따금 이메일로 연락을 주고받으며 논문 발표를 준비하고 있다.

북극에 들고 갔다가 제대로 써보지도 못한 위치추적장치는 그대로 한국에 들고 왔다가, 남극에 갈 때 다시 챙겨서 남극도둑갈매기를 추적하는 데 사용했다. 북극에서 처음 시도하는 무모한 시도였음에도 불구하고 흔쾌히 장비를 지원해준 한국환경생태연구소 이한수 대표께 감사드린다.

지의류의 생태와 분류에 대한 기술은 과학기술연학대학원대학교 박사과정에 있는 극지연구소 소재은 연구원의 설명을 따랐다. 참솜깃오리와 세가락도요 어린 새는 서울대학교 행동생태및진화연구실 박사과정에 있는 장병순 연구원이 사진을 보고 검토했다. 호사북방오리는 덴마크 오르후스대 다비드 뵈르트만 박사가 확인해주었다.

이 책은 북극에서의 일기를 편집한 글이다. 내 소소한 이야기들을 책으로 엮어준 박은아 편집자, 글쓰기에 대한 조언과 함께 초고를 읽고 수정을 도와준 천운영 작가께 감사드린다. 그리고 해마다 여름과 겨울이면 철새처럼 날아다니는 나를 참아내는 아내 보경에게 고맙고 미안하다.

이 연구는 극지연구소 '북그린란드 J. P. Koch Fjord 지역에서 번식하는 해양조류의 행동생태 기초 연구(PE16330)' '북그린란드의 캄브리아기 화석을 중심으로 하는 무척추동물 초기진화 규명(PE15380)' '북그린란드 고생대 동물 초기진화와 원시지구환경 규명(PE17160)' 과제의 지원을 받았음을 밝힌다.

Boertmann D, Olsen K, Gilg O, Ivory Gulls Breeding on Ice, *Polar Records*, 2010, 46:86~88.

Boertmann D, Olsen K, Nielsen RD, Geese in Northeast and North Greenland As Recorded on Aerial Surveys in 2008 and 2009, *Dansk Ornitologisk Frenings, Tidsskr*, 2015, 109:206~217.

Bond AL, Hobson KA, Branfireun BA, Rapidly Increasing Methyl Mercury in Endangered Ivory Gull(Pagophila eburnea) Feathers over a 130year Record, *Proceedings of the Royal Society B*, 2015, 282:1805.

Egevang C, Stenhouse IJ, Phillips RA, Peterson A, Fox JW, Silk JRD, Tracking of Arctic Terns Sterna Paradisaea Reveals Longest Animal Migration, *PNAS*, 2010, 107:2078~2081.

Fox AD, Fox GF, Liaklev A, Gerhardsson N, Predation of Flightless Pink-footed Geese(*Anser brachyrhychus*) by Atlantic Walruses(*Odobenus rosmarus rosmarus*) in Southern Edgeoya, Svalbard, *Polar Research*, 2010, 29:455~457.

Fuglei E, Oritsland NA, Seasonal Trends in Body Mass, Food Intake and Resting Metabolic Rate, and Induction of Metabolic Depression in Arctic Foxes(*Alopex lagopus*) at Svalbard, *Journal of Comparative Physiology B*, 1999, 169:361~369.

Gilg O, Hanski I, Sittler B, Cyclic Dynamics in a Simple Vertebrate Predator-prey Community, *Science*, 2003, 302:866~868.

Gilg O, The Summer Decline of the Collared Lemming(*Dicrostonyx groenlandicus*) in High Arctic Greenland, *Oikos*, 2002, 99:499~510.

Hofstad E, Espmark Y, Moksnes A, Haugan T, Ingebrigtsen M, The relationship between song performance and male quality in snow buntings(*Plectrophenax nivalis*), *Canadian Journal of Zoology*, 2002, 80:52~531.

Gray DR, The Killing of a Bull Muskox by a Single Wolf, *Arctic*, 1970, 23:197~199.

Kim HJ, Kang CW, Kang HM, Ji NJ, Kim EM, Kim JH, The First Record of the Long-tailed Skua(*Stercorarius longicaudus*) and the Bulwer's Petrel(*Bulweria bulwerii*) in Korea, *Korean Journal of Ornithology*, 2011, 18:87~91.

Kim HW, An YH, Choi SG, Son HS, First Record of the Long-tailed Skua(*Stercorarius longicaudus*) in Korea, *Korean Journal of Ornithology*, 2011, 18:259~262.

Macdonald SD, Macpherson AH, Breeding Places of the Ivory Gull in Arctic Canada, *National Museum of Canada Bulletin*, 1962, 183:111~117.

MacPhee RDE, Tikhonov AN, Mol D, Greenwood AD, Late Quaternary loss of genetic diversity, *BMC Evolutionary Biology*, 2005, 5:49.

Martin PS, Steadman DW, Prehistoric Extinctions on Islands and Continents, *Extinctions in Near Time: Causes, Contexts, and Consequences*, Edited by MacPhee RDE, New York, Kluwer, 1999, pp. 17~55.

Metcalfe NB, Furness RW, Survival, Winter Population Stability and Site Fidelity in the Turnstone Arenaria Interpres, *Bird Study*, 1985, 32:207~214.

Reneerkens J, van Veelen P, ven der Velde M, Luttikhuizen P, Piersma T. Within-population Variation in Mating System and Parental Care Patterns in the Sanderling(*Calidris alba*) in Northeast Greenland, *The Auk*, 2014, 235:235~247.

Rümmler MC, Mustafa O, Maercker J. et al., Measuring the Influence of Unmanned Aerial Vehicles on Adélie Penguins, *Polar Biology*, 2016, 39:1329~1334.

Rink H, *Tales and Traditions of the Eskimo*, Mineola: Dover Publications, 1997.

Sittler B, Aebischer A, Gilg O, Post-breeding Migration of Four Long-tailed Skuas(*Stercorarius longicaudus*) from North and East Greenland to West Africa, *Journal of Ornithol*, 2011, 152:375~381.

Tannerfeldt M, Angerbjörn A, Fluctuating Resources and the Evolution of Litter Size in the Arctic Fox, *Oikos*, 1998, 83:545~559.

김학준, 강성호, 『극지 과학자가 들려주는 결빙방지단백질 이야기』, 지식노마드, 2014, p.165.

베르너 하이젠베르크, 『부분과 전체』, 유영미 옮김, 서커스출판상회, 2016, p.181.

올리버 색스, 『고맙습니다』, 김명남 옮김, 알마, 2016, p.29.

이유경, 정지영, 황영심, 이규, 한동욱, 이은주, 『툰드라에 피는 꽃』, 지오북, 2014, p.295.

캐슬린 제이미, 『시선들』, 장호연 옮김, 에이도스, 2016, p.15.

팀 비케드, 『가장 완벽한 시작』, 소슬기 옮김, 미드출판사, 2017.

필립 후즈, 『문버드』, 김명남 옮김, 돌베개, 2015.

하호경, 김백민, 『극지과학자가 들려주는 기후변화 이야기』, 지식노마드, 2014, p.187.

호시노 미치오, 『알래스카, 바람 같은 이야기』, 이규원 옮김, 청어람미디어, 2005, p.45.

동식물, 지의류

인명, 작품명

여름엔 북극에 갑니다

어느 생태학자의 북극 일기

ⓒ 이원영

1판 1쇄	2017년 10월 10일
1판 3쇄	2019년 7월 15일

지은이	이원영
펴낸이	강성민
편집장	이은혜
책임편집	박은아
마케팅	정민호 정현민 김도윤
홍보	김희숙 김상만 이천희 오혜림

펴낸곳 (주)글항아리 | 출판등록 2009년 1월 19일 제406-2009-000002호

주소 10881 경기도 파주시 회동길 210
전자우편 bookpot@hanmail.net
전화번호 031-955-8891(마케팅) 031-955-2663(편집부)
팩스 031-955-2557

ISBN 978-89-6735-451-0 03470

글항아리는 (주)문학동네의 계열사입니다.

이 도서의 국립중앙도서관 출판예정도서목록(CIP)은 서지정보유통지원시스템 홈페이지
(http://seoji.nl.go.kr)와 국가자료공동목록시스템(http://www.nl.go.kr/kolisnet)에서
이용하실 수 있습니다. (CIP제어번호 : CIP2017025250)